21 世纪高等院校电气信息类系列教材

模拟电子技术基础实验指导书

张　锋　杨建国　编著

机 械 工 业 出 版 社

本书配套于西安交通大学《模拟电子技术基础》教材，是一本实验教材。内容以指导低年级学生完成模拟电子技术基础实验为目的，结合低年级学生特点，涉及完成实验和撰写报告、西安交通大学模电实验室仪器和元器件介绍、模电实验、仿真软件、核心器材的数据手册以及运放典型应用电路等。本书力求让学生全面掌握模电实验内容，同时为今后的实验环节打下坚实基础。

本书可作为高等学校电气工程、电子、微电子、通信工程、自动控制等专业的教材，也可作为模拟电路设计工程师和技术人员的参考书。

图书在版编目（CIP）数据

模拟电子技术基础实验指导书/张锋，杨建国编著.—北京：机械工业出版社，2016.6（2025.8重印）
21世纪高等院校电气信息类系列教材
ISBN 978-7-111-53817-2

Ⅰ.①模…　Ⅱ.①张…　②杨…　Ⅲ.①模拟电路-电子技术-实验-高等学校-教学参考资料　Ⅳ.①TN710-33

中国版本图书馆CIP数据核字（2016）第108934号

机械工业出版社（北京市百万庄大街22号　邮政编码100037）
策划编辑：时　静　　责任编辑：时　静
责任校对：张艳霞　　责任印制：张　博
固安县铭成印刷有限公司印刷
2025年8月第1版·第8次印刷
184mm×260mm·9.5印张·228千字
标准书号：ISBN 978-7-111-53817-2
定价：39.00元

电话服务	网络服务
客服电话：010-88361066	机　工　官　网：www.cmpbook.com
010-88379833	机　工　官　博：weibo.com/cmp1952
010-68326294	金　　书　　网：www.golden-book.com
封底无防伪标均为盗版	机工教育服务网：www.cmpedu.com

出版说明

随着科学技术的不断进步，整个国家自动化水平和信息化水平的长足发展，社会对电气信息类人才的需求日益迫切、要求也更加严格。在教育部分布的“普通高等学校本科专业目录”中，电气信息类（Electrical and Information Science and Technology）包括电气工程及其自动化、自动化、电子信息工程、通信工程、计算机科学与技术、电子科学与技术、生物医学工程等子专业。这些子专业的人才培养对社会需求、经济发展都有着非常重要的意义。

在电气信息类专业及学科迅速发展的同时，也给高等教育工作带来了许多新课题和新任务。在此情况下，只有将新知识、新技术、新领域逐渐融合到教学、实践环节中去，才能培养出优秀的科技人才。为了配合高等院校教学的需要，机械工业出版社组织了这套“21 世纪高等院校电气信息类系列教材”。

本套教材是在对电气信息类专业教学情况和教材情况调研与分析的基础上组织编写的，期间，与高等院校相关课程的主讲教师进行了广泛的交流和探讨，旨在构建体系完善、内容全面新颖、适合教学的专业教材。

本套教材涵盖多层面专业课程，定位准确，注重理论与实践、教学与教辅的结合，在语言描述上力求准确、清晰，适合各高等院校电气信息类专业学生使用。

机械工业出版社

前　言

本书是为了满足模拟电子技术实验教学的需要，在杨建国教授编写的试用教材《电子技术实验指导书》的基础上，根据模拟电子技术行业的新发展和新变化，结合西安交通大学模电实验室配置仪器情况，修改并补充了部分内容编写完成的。主要分为以下五个部分：

1. 介绍了模拟电子技术实验，“手把手”教学生如何预习、记录数据、撰写报告，甚至设计封面，详细说明了实验的要求以及如何获得好成绩。

2. 介绍了模电实验室使用的仪器、元器件以及实验中遇到故障的排查方法。

3. 设计了四个模拟电子技术基础实验，内容涵盖了单级放大器、多级放大器、反馈、运算放大器、波形发生电路、音响放大器、滤波器及功率放大器等。可以说基本涵盖了模拟电子技术课程的全部内容，做到了少而精。

4. 介绍了模拟电子技术常用的仿真软件，引导学生自主设计实验并验证，体会模拟电路计算机仿真的魅力和乐趣。

5. 选取了晶体管 S9013 和运算放大器 μA741 的数据手册，让学生对数据手册的内容有所了解，培养学生遇到元器件查数据手册的习惯；介绍了 XJ4810 晶体管特征图示仪，学生可以在该仪器上直观地看到晶体管输出特性曲线，并且更准确地计算晶体管放大倍数（β）值；最后介绍了运算放大器在信号调理电路中的典型应用，方便感兴趣的学生自己设计实验，并在仿真软件中验证。

本书的特点如下：

1. 强调基础性。西安交通大学素有“起点高、基础厚、要求严、重实践”的优良传统。模拟电子技术是电类的基础课程之一，模电实验面向的是本科低年级的学生，许多学生不熟悉示波器，也没有太多规范撰写实验报告的经验。因此，本书详细介绍了如何预习、记录、完成实验及撰写报告，以及如何使用模电实验室的各种仪器。希望学生能够养成良好的习惯，培养扎实的功底，为高年级阶段的学习打下坚实基础。

2. 注重实践性。本书配套于西安交通大学《模拟电子技术基础》教材，是一部实验教材。因此在内容安排上，紧紧围绕实验教学需要，充分考虑学生在实验过程中所需掌握的各项知识和技能，而对于模电教材中已经介绍过的知识不再赘述。除了指导学生完成实验外，还安排了仿真软件的介绍、数据手册、运算放大器典型应用等内容，目的是启发和指导有兴趣的学生在课外自主设计和完成实验。

对于本书来说，杨建国教授提供的试用教材发挥了十分重要的作用。在本书编写过程中，杨建国教授提出了许多宝贵的意见，并亲自参与了修订。王曙鸿教授，以及李锋、徐正红、刘涛、孙敏等老师也提出了许多宝贵意见。在此一并致以衷心的感谢。

从构想本书开始，笔者就紧密围绕着模电实验教学的需求，思考如何让学生通过学习书中内容取得更丰富的收获。但模拟电子技术的发展日新月异，加之笔者水平有限，书中难免存在不足，真诚欢迎各位读者批评指正。

编　者

目　录

第1章　模拟电子技术实验基础

1.1　模拟电子技术实验简介

以前，我们经常听到一些学生反映：对做实验没有兴趣。而实验作为工科生能力训练中一个重要的环节，其质量必须得到保证。从1997年开始，在充分调研的基础上，西安交通大学电子学教研室提出了模拟电子技术实验改革的具体方案。改革从提高学生兴趣，增强学生设计能力，培养学生独立思考、独立操作能力入手，以实验内容开放、实验场所和设备开放、实验时间自主选择、元器件和面包板下发、增加设计性实验、实验报告标准化等具体措施为主，拉开了以提高学生实验技能为宗旨的改革序幕。2014年，电工电子教学实验室在之前改革成果的基础上，做了进一步的修订和完善。

模拟电子技术内容繁杂，实验数量多，按照传统的实验方法，只能对其中的若干内容，实现小范围的验证，比如二极管、晶体管单管放大器、反馈、文氏电桥、运放测量、功放、电源等。实验知识覆盖率较低。这样的实验结构，一方面容易使各部分内容相互脱节，另一方面，每次2h的实验，实际学生操作只有1h左右，学生只能不加思考地测量一些数据，回去完成实验报告。那么到底实验是为了什么？怎样做好这个实验？学生没有时间思考，也没有兴趣思考。针对传统实验存在的诸多问题，我们紧抓“有兴趣、有条件、有压力”3条标准，提出以下措施：

1）在实验结构上，做到少、深、联，即减少实验数量，把每个实验做深入，增加实验内容中的联系，让学生必须思考，愿意思考，有时间思考。

2）在实验指导书上，增加实验思路的描述。传统实验中，学生只需要知道做什么，怎么做，然后看书“照猫画虎”。在新编的实验指导书中，对每一个实验，都有详细的实验思路描述，包括内容的来龙去脉，为什么要做这个实验，希望获得什么结果，要获得这样的结果还有什么方法等。这样做，有望使学生真正理解实验全过程。

3）在实验指导书上，增加故障排查技能和若干实验中的问题。每个实验内容后面，都有针对该实验步骤可能出现的问题，以及基本的排查故障方法和典型的故障排查实例。

4）实验内容上，学生可以选择指导书上的推荐实验，也可以自行设计满足要求的实验。指导书上推荐的实验，是依据实验学时和课程内容，经教师精心选择设计组成的，有一定的合理性。多数学生也选择了推荐实验。但是，学生完全可以自己依照内容、难度和自身的兴趣，设计自己的实验。当然，自己设计的实验，事先需要经过指导教师审核批准，并自行准备实验器材。

5）元器件和面包板下发。这样做，有两个目的。首先，学生可以在宿舍完成基本电路的搭接，从而尽早熟悉元器件。其次，配合自主设计实验，学生可以自己去市场购买自己需要的元器件，初步认识市场。

6）强调预习。学生在实验前，必须预习、准备。预习报告必须在实验开始前交教师检查。这样的压力，有助于学生更好地做实验。

7）标准化实验数据和报告。一个经正规训练的学生，绝不应该在实验中，用书上空白处、随便的小纸片去记录数据，也不应该用抄袭、腾挪、捏造等手段完成实验报告。怎么记录数据，怎么书写实验报告，是本实验重点要求的。

8）鼓励学生独立思考。在实验进行中，教师不鼓励学生未加思考地提问题。但是，学生确实经过思考，解决不了的问题，教师必须做出准确的答复，并尽量用良好的示范，给学生启迪。为此，第一，制定教师行为规范；第二，学生自己思考所得的体会、故障实例，一旦被选中，将获得加分；第三，学生可以对教师行为投诉。

这些措施，绝大多数已经在1997年至今的多次实验中执行，另有一部分是2004年春季实施。这么做的最终目的只有一个，就是在有限的实验时间内，利用有限的实验条件，最大限度地提升学生的实验能力。

2001年，模拟电子技术实验改革项目获得西安交通大学教学改革成果一等奖，陕西省教学改革成果二等奖。

1.2 怎样预习

1. 为什么要预习

首先，开放实验的内容一般都比较复杂，远不是看一会儿书就可以理解的，事先不预习，试图在实验课上匆忙“恶补”是徒劳的，必然导致实验时手忙脚乱，一片茫然。其次，实验前不预习，也无法选择元器件，搭接电路。第三，预习有助于做好挑战和征服的心理准备，当你准备了一大堆问题，时刻做好探求答案的准备时，兴奋、渴望是正常的，实验当然是有趣的。我们可以想象出，大科学家面对可能出现的实验结果，亢奋的心境。我们也不苛求大家像科学家一样，但是，预习好，或许会有那么一点感觉。

2. 实验前预习什么内容

仅仅看完指导书还远不够。严格说，没有人要求你准备得如何，只要自己觉得不需要再准备了，预习也就结束了。但是，怎样才能让自己觉得不需要再准备了呢？

首先，将实验内容所涉及的知识进行归类，在教科书上找到相应的部分，熟读。做到对本部分内容滚瓜烂熟。只有认真阅读实验指导书，掌握了实验思路、理论分析、步骤等，才能在实验过程得心应手，同时也为今后的实践应用奠定了必要的基础。

其次，在大脑中理顺实验思路，用一张纸，列出一些问题，写一些答案，然后和课本比较。比如，是否能画出实验电路、选择参数应该是什么顺序、怎样计算等。这一步，主要是考察第一步的成效。并且根据记忆原理，去回忆实验电路，这种回忆是加强记忆的关键。注意，不要死记硬背。

第三，在面包板上搭接电路。

第四，开始学着在实验中探索。比如，波形发生器中，积分器电容无限减小，将出现什么现象？反馈放大电路中，原本在第一级出现了失真，引入反馈后，能让失真减小或者消失吗？这些问题之所以在实验指导书上没有给出答案，就是为了激发学生的求知欲望。

3. 撰写预习报告

在上述预习内容结束后，要求大家写出预习报告。预习报告包括实验名称、实验原理、元器件选择、电路搭接、实验内容和步骤、实验数据记录等。当然，也可以在预习报告中，陈述自己的一些想法、设想和猜测，并提出验证某些猜测的方法。

根据预习结论按照2.8节所讲述的方法，在面包板上完成电路搭接，就可以等待实验开始了。

1.3 怎样记录数据

1. 记录数据的重要性

任何一个科学实验，原始数据都是极其重要的部分。哪怕是铅笔的记录，也是重要的。一个重要的发现，一篇重要的论文，后面都有一系列的原始数据记录。而一旦丢失这些宝贵的数据记录，既不能重现，也不能补办，其损失是巨大的。科学史上，有一些例子，就是靠原始数据上宝贵的日期，确定了自己科学成果的首创性。也有一些例子，就是因为成果持有人拿不出原始数据，而被确定为科学骗子。

因此，认识原始数据的重要性，并在实验中予以足够的重视，是学校进行教学实验中，对学生的起码要求。

2. 记录数据的基本原则

1）要完整、准确记录实验条件。一般需要记录的实验条件通常是实验时间、地点，操作台序号，仪器型号、编号，室温等。另外，记录指导教师姓名也是必要的。

2）记录内容的项目和次序，以同行专业人士依据实验记录，能在相同条件下复现实验为基本要求。

3）特别注意要记录数据来源。记录一个电压，不能只写2.4V，需要说明，是用什么设备测量获得的。这样，用示波器测量电压为3.14159V，就必然是错误的。一个正确的例子：用示波器观测A点电压波形，1ms/DIV，1V/DIV，均为测量状态（CAL），为一平直线，幅度为2.6格。A点电压为2.6V。

4）尽量不要涂改，也不要重新誊抄，记录在可以长期保存的纸上。不要涂改，并不是不能涂改，所谓的涂改，一般是记录有误、步骤有误等。当时发现了，当场涂改是允许的。不过要注意，涂改中不要将原先的内容覆盖掉，用几条横线划掉就可以了。而对于数据的涂改，简单的划掉，在旁边重新写上新数据是不行的，必须用证据表明是当时发现、当时纠正的。比如另起一行，写上错误原因，重新测量过程，重新获得的数据等。也就是遵循一条原则：所做的数据涂改，最好不要让别人怀疑，数据是实验后捏造的。另外，在处理这个事情时，容易犯两种错误：第一，嫌涂改不好看，找张白纸，重新誊写一份，这违背了真实性原则。第二，第一次实验没有通过，重做时，在原来的数据记录上直接涂改。

5）绝对不能捏造、修改数据。上面说的，基本都是技术性失误。而捏造、故意修改数据，都是违反基本的科学精神的。务必要遵守实验数据记录的基本原则。

3. 一个记录数据样本的布局

实验名称：晶体管单管放大器　　时间：2013 年 12 月 6 日 14：00～18：00

地点：西安交通大学东一楼东 251　操作台序号：3 号　室温：没有测，预报气温 -2～8℃

实验指导教师：xxx

操作台上仪器记录：（12 月 6 日 17：55 分补充记录的，开始忘记了，中途没有更换）

示波器：xxxx 型，校编号：xxxxxx

信号源：xxxx 型，校编号：xxxxxx

电源：xxxx 型，校编号：xxxxxx

晶体管毫伏表：xxxx 型，校编号：xxxxxx

万用表：xxxx 型，校编号：xxxxxx

（中途使用过 xxxx 房间编号为 xxxx 的晶体管图示仪测量晶体管）

实验过程记录：

测试电路连接：按照预习报告图 1 电路，在编号为 xxxx 的面包板上，12 月 3 日～5 日，完成了电路搭接。

1）调整直流电源，用万用表直流电压 25V 档观测，输出电压为 12V，关闭直流电源，将电源线引入电路。

2）调整信号源，用示波器观测，通道 1，1ms/DIV，20mV/DIV，DC 档，测量状态，输出为正弦波，周期 1.2 格 =1.2ms，正峰值 2.2 格 =44mV，负峰值 2.2 格 =44mV。关闭信号源，将信号线引入电路。

3）给电路通电，加入信号。示波器观察电路输出，通道 1 状态同 2），观测输入信号，同 2），通道 2，DC 档，1ms/DIV，2V/DIV，测量状态，观测电路输出，为正弦波，周期 1.2 格 =1.2ms，正峰值 1.8 格 =3.6V，负峰值 1.7 格 =3.4V。

问题记录：

……

4. 关于上述记录样本的说明

1）关于室温：没有测就空着，宁可失误，勿丢诚实。当然，在实验中，室温变化不大，也不是关键的条件。如果确实需要，不要用“诚实”作为借口，而疏于测量。

2）关于补记：最好不要补记。但是，确实没有记录，只能做好补记。即便学期末去补记，也比捏造好。

1.4 实验报告的撰写

1. 实验报告的组成

每份实验报告由封面、目录、实验一、实验二、心得和附录组成。每个实验由预习报告、总结报告以及作为附录的原始数据记录组成。

自行设计的实验，需要在预习报告首页，请审批教师签署同意字样。

原始数据记录必须使用手写稿，并应有教师签字。波形可以使用计算机绘制，也可以手画。

2. 打印稿的版式和装订

纸张为A4幅面，页边距为左右2.54 cm、上下3.17 cm。纵向排列。

页码从目录页开始，在每页右下角。单纯页码，无其他符号。

不设计页眉、页脚。

文章名（包括设计报告、原始数据、总结报告等）为3号黑体，不加粗。

一级标题为4号黑体，二级及以下标题为5号黑体，正文为5号宋体。

公式居中，如果在正文中出现对该公式的引用和描述，则必须给公式编号，为与实验指导书区别，本实验报告均采用1级编号，即（1），标于公式右端。在文中引用格式为“式（1）”。

公式必须使用公式编辑器，例如：

$$y=f(x) \tag{2}$$

必须有图题，用小5号宋体标注于图下方居中。格式为“图3 xxxx”。

必须有表题，用小5号宋体标注于表格上方居中。格式为“表3 xxxxx”。

将包含封面在内的所有纸张，按照页码顺序排列。内容顺序为封面、目录、实验一预习报告、实验一总结报告、实验二预习报告、实验二总结报告、实验心得和附录（实验一原始数据、实验二原始数据，因是手写稿，不含页码）。

在顶部0.25、0.75处使用两枚订书钉装订成册。如果太厚，可以在相同位置使用细铁丝自行完成装订，也可以找印装服务部完成装订。

3. 手写和打印

开放实验的实验报告，既可以手写，也可以计算机打印。但是，建议大家尽量使用计算机完成。

1.5 封面格式样板

为了方便教师审查，在实验报告封面上，设计了表格，用于教师验收签字，手写稿者可以自己画一张封面。因此，在验收的时候，最好带上封面，用于签字。

下面的插页给出了计算机打印稿中封面的标准格式，手写稿可以参考。

模拟电子技术实验（说明：首行，楷体四号，左对齐，注意将本页说明内容去掉）

（说明：一号空行，下面字体为一号黑体，字间一个空格，字符缩放150%，居中）

实 验 报 告

西安交通大学电气工程学院电气00班

赵××

（说明：上两行为四号楷体，居中）

实验名称	验收日期	验收成绩	验收教师

考查项目	应得分	实得分	批阅人签字
认真程度	5，4，3，2，0		
原始数据记录	5，4，3，2，0		
公式、图、表的规范性	4，3，2，1		
表述一致性	4，3，2，1		
分析正确性	4，3，2，1		
内容、步骤的完整性	4，3，2，1		
心得体会	4，3，2，1，0		
真实性扣分（捏造、抄袭）	0，−30，−20，−10		
报告总分	30		

（说明：下面为五号宋体，左对齐，字符缩放200%）

电话：82670000

学号：123456789

实验日期：2013年10月—2014年1月

报告完成日期：2014年1月10日

1.6 实验的基本要求

1）实验前按照授课教师通知时间，班长去指定地点领取实验用器材，包括面包板、元器件、本实验课堂讲义等。学生自行检查器材，如果有缺少、损坏，应在实验开始前，找教师补充或更换。实验进行中出现的丢失、损坏，由学生自己解决。

2）班长根据自己班课表安排情况，为本班选择实验时间，并及时通知全班同学。学生按照通知时间，按照本节“1.2 怎样预习”的要求，及时预习和准备，准时参加实验。

3）自行选定实验内容的学生，须在实验开始前5天，将实验方案提交实验指导老师，当场审阅是否批准。

4）进入实验室后，教师将按照自己拟定的方法，对预习情况进行检查，并给出预习成绩。预习成绩由两次实验检查的总和确定。通常的检查方法可能是检查预习报告、提问、书面答题等。

5）每个实验结束前，学生应申请教师验收实验结果。教师根据学生的验收结果，参考中途实验表现，综合给出实验验收成绩，记录在学生准备好的封面纸上。

6）当学生在封面上获得了两个实验的验收签名，就可以准备实验报告了。

7）听候教师通知，按照指定时间、地点，由班长统一归还所领器材，统一交实验报告。器材有遗失、损坏，照价赔偿。

1.7 怎样获得较好的成绩

认真细致完成好以下各个环节，是取得较好成绩的前提：

1）认真研读本实验课堂讲义，这会在以下各个环节影响成绩。

2）认真预习，获得好的预习成绩（实验一5分，实验二5分）。

3）认真做实验，获得好的验收成绩（实验一35分，实验二25分）。

4）认真撰写报告，获得好的报告成绩（30分）。

5）提出有价值的问题，经教师集体评议，每个问题在总分中加分3分。

6）提出有价值的建议，经教师集体评议，每条建议在总分中加分5分。

第2章 实验仪器设备和故障排查方法

2.1 示波器

2.1.1 示波器概述

1. 示波器及其作用

示波器是显示被测电压信号波形的仪器，是测量领域最为常见的仪器。利用示波器，不仅可以直观地看到被测电压信号的波形形态，而且可以利用示波管上的刻度，测量被测信号的周期、幅度、上升时间、下降时间、变化速率、电源电压中的纹波、信号中的噪声以及两个信号之间的幅度差、相位差等。由于示波器具有较高的输入电阻，在大多数情况下，示波器探头接在被测电路中，不会影响被测电路的正常工作。

对于电子工程师来说，示波器比医生的听诊器还重要。学会并正确、熟练地使用示波器，是电子技术基础实验的一个主要要求。图 2. 1. 1 是示波器实物照片。

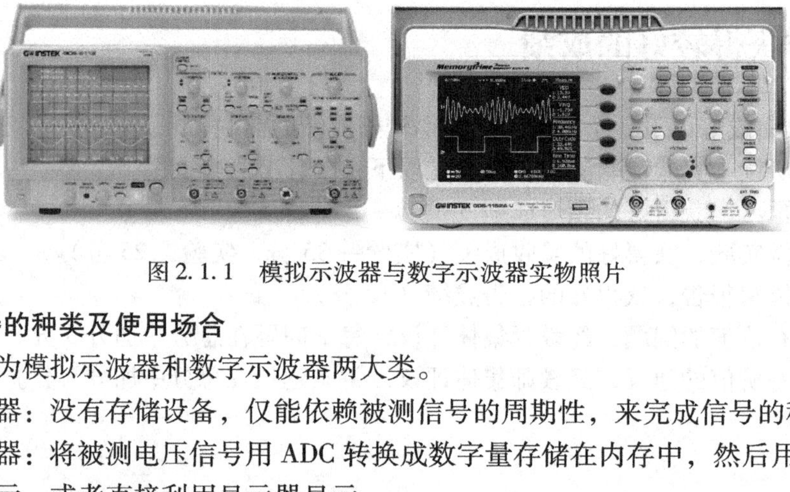

图 2. 1. 1　模拟示波器与数字示波器实物照片

2. 示波器的种类及使用场合

示波器分为模拟示波器和数字示波器两大类。

模拟示波器：没有存储设备，仅能依赖被测信号的周期性，来完成信号的稳定显示。

数字示波器：将被测电压信号用 ADC 转换成数字量存储在内存中，然后用 DAC 重复转换到示波管显示，或者直接利用显示器显示。

在数字存储示波器中，有一种便携式示波器，内含可充电电池，可以在野外无交流电的情况下，连续工作几个小时，便携式数字存储示波器如图 2. 1. 2 所示。还有一种更加轻便的示波表，从外形上看，它像一个数字万用表。这种示波表除了具有数字万用表的功能外，还有一个较大的液晶显示屏，可以显示被测电压信号的波形。

模拟示波器的优点是价格低，易操作，广泛应用于教学和一般要求的科研、维修等领域。在甚高频领域，模拟示波器仍占据着主导地位。

数字示波器的优点是功能全，使用灵活：

1） 可以稳定显示低频信号和瞬态的非周期性信号。

2）可以将被测信号记录转存到计算机中，甚至直接驱动打印机将波形打印出来。

3）有些数字示波器自带 FFT 功能，可以在屏幕上显示频谱。

4）有些数字示波器具备便携式功能，可在野外工作。

随着数字示波器价格的降低，在很多场合，模拟示波器正被数字示波器所取代，这类似于数码相机逐渐取代传统的胶片相机。但是，由于使用习惯、价格、特殊领域要求等因素，传统的模拟示波器仍然存在较大的应用领域。

3. 教学实验室使用的示波器

在教学实验中，已经越来越多地使用数字示波器。模电实验室使用的是 GDS－1072A－U 型数字示波器。这是一个 70MHz 双踪示波器。

4. 示波器使用前的注意事项

1）示波器内部存在高压。当示波器出现故障时，不得擅自打开机壳，应该通知教师或者专门的维修人员。

2）不得随意改变示波器的交流电压选择，否则可能引起示波器烧毁，也可能引起触电等事故。

3）不得自行更换示波器的熔断器，否则容易引起保险失灵，导致内部电路损坏。

4）示波器的输入端都存在输入电压上限，当输入电压超过其规定的上限，有可能发生击穿等故障或者引起更大的危险。

5）长期不使用的示波器，不应该处于开机状态。

6）一般情况下，示波器探头接入被测电路，对被测电路原先的工作状态影响极小。但是，在高频或者被测电路具有较高输出电阻时，示波器的引入可能引起被测电路状态变化，这需要引起使用者的注意。

7）示波器的所有旋钮和转动式开关，都难以承受过大的扭动力。特别是内旋开关，当右旋到底时，极易发生用力过大，导致旋钮或者开关断裂的情况。当右旋受到较大阻力时，不能用力右旋，而应该通过左旋试探来保证右旋到底。

8）关闭示波器后，不要随意改变示波器旋钮、开关状态。这样有利于下次使用。

9）有些示波器的探头，是与主机配套的，具有补偿作用，因此，不要轻易将探头与示波器分离。

2.1.2 GDS－1072A－U 型 70MHz 数字示波器介绍

1. 面板介绍

GDS－1072A－U 型示波器前面板功能说明见表 2.1.1。

表 2.1.1 GDS－1072A－U 型示波器前面板功能说明

项　目	功　能
LCD 显示	TFT 彩色，320×234 分辨率，宽视角 LCD 显示
Function 键： F1（顶）～F5（底）	打开 LCD 屏幕左侧的功能
Variable 旋钮	增大或减小数值，移至下一个或上一个参数
Acquire 键	设置获取模式
Display 键	设置屏幕显示

（续）

项　　目	功　　能
Cursor 键	运行光标测量
Utility 键	设置 Hardcopy 功能，显示系统状态，选择菜单语言，运行自我校准，设置探棒补偿信号，以及选择 USB host 类型
Help 键	显示帮助内容
Autoset 键	根据输入信号自动进行水平、垂直以及触发设置
Measure 键	设置和运行自动测量
Save/Recall 键	存储和调取图像，波形或面板设置
Hardcopy 键	将图像、波形或面板设置存储至 USB，或从 PictBridge 兼容打印机直接打印屏幕图像
Run/Stop 键	运行或停止触发
Trigger level 旋钮	设置触发准位
Trigger menu 键	触发设置
Single trigger 键	选择单次触发模式
Trigger force 键	无论此时触发条件如何，获取一次输入信号
Horizontal menu 键	设置水平视图
Horizontal position 旋钮	水平移动波形
TIME/DIV 旋钮	选择水平档位
Vertical position 旋钮	垂直移动波形
CH1/CH2 键	设置垂直档位和耦合模式
VOLTS/DIV 旋钮	选择垂直档位
输入端子	接收输入信号：1MΩ ±2% 输入阻抗，BNC 端子
接地端子	连接 DUT 接地导线，常见接地
MATH 键	完成数学运算
USB 接口	用于传输波形数据、屏幕图像和面板设置
探棒补偿输出	输出 $2V_{pp}$ 方波信号，用于补偿探棒或演示
外部触发输入	接收外部触发信号
电源开关	打开或关闭示波器

GDS－1072A－U 型示波器前面板和后面板分别如图 2.1.2 和图 2.1.3 所示。

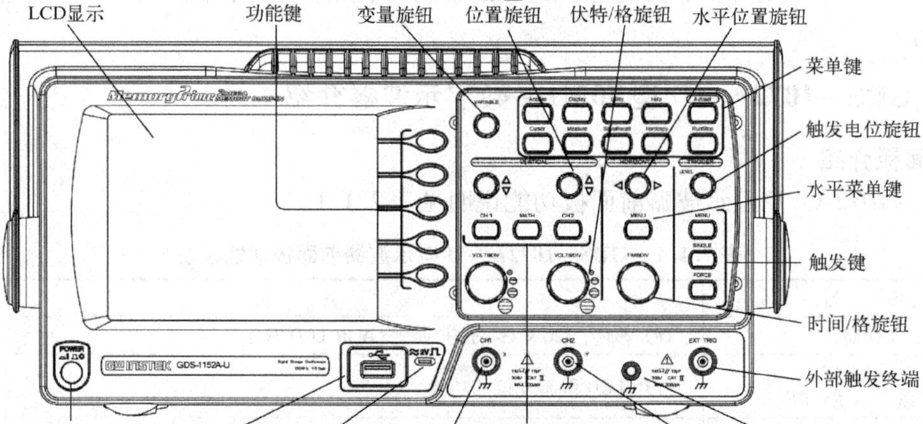

图 2.1.2　GDS－1072A－U 型示波器前面板

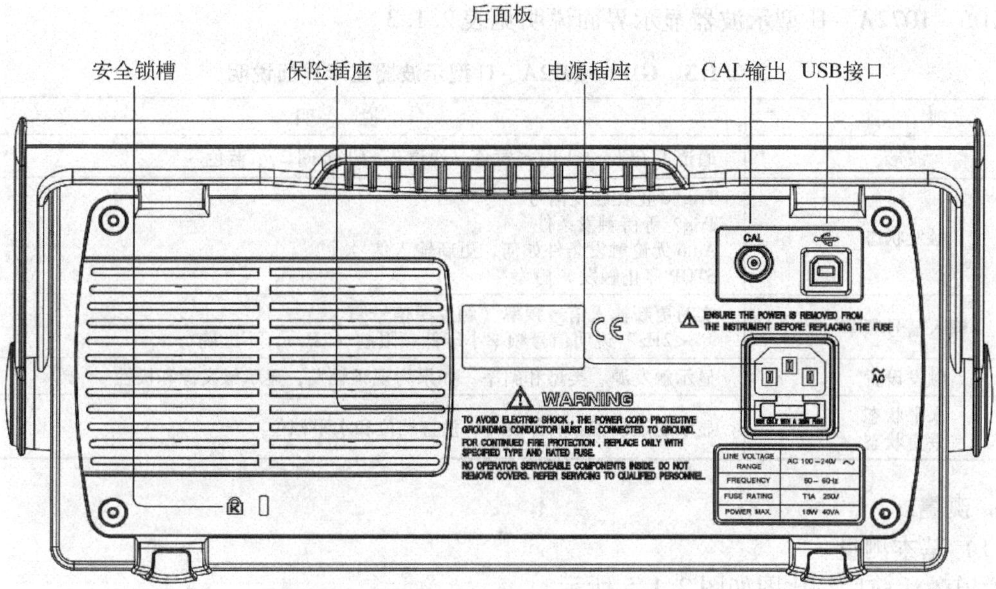

图 2.1.3　GDS－1072A－U 型示波器后面板

GDS－1072A－U 型示波器后面板功能说明见表 2.1.2。

表 2.1.2　GDS－1072A－U 型示波器后面板功能说明

项　　目	功　　能
电源插座 熔丝插孔	电源插座接收 100～240 V，50/60 Hz 的 AC 电源 AC 电源熔丝型号：T1A/250V
USB slave 接口	连接 B 类（slave）公头 USB 接口，用于示波器的远程控制或 PictBridge 兼容打印机
CAL 输出	输出校准信号，用于精确校准垂直档位
安全锁槽	标准的便携式计算机安全锁槽，保证示波器的安全

2. 显示

GDS－1072A－U 型示波器显示界面如图 2.1.4 所示。

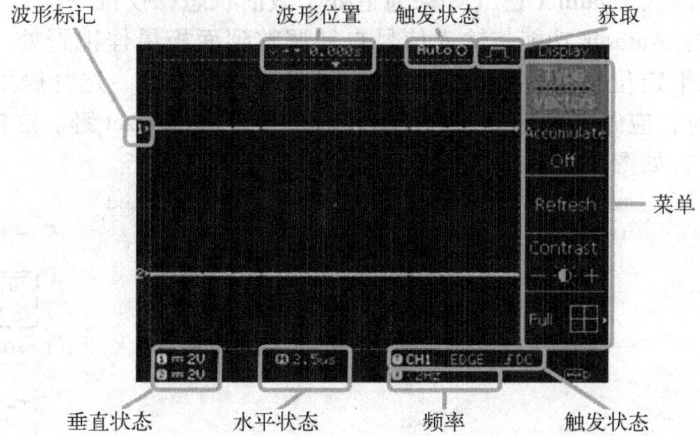

图 2.1.4　GDS－1072A－U 型示波器显示界面

GDS－1072A－U 型示波器显示界面说明见表 2.1.3。

表 2.1.3 GDS－1072A－U 型示波器显示界面说明

项　目	说　明
波形	通道 1（Channel 1）：黄色　通道 2（Channel 2）：蓝色
触发状态	Trig'd 正在触发信号 Trig? 等待触发条件 Auto 无论触发条件如何，更新输入信号 STOP 停止触发 / 触发
输入信号频率	实时更新输入信号频率（触发源信号） "<2Hz" 说明信号频率小于低频限制（2Hz），不准确
触发设置	显示触发源、类型和斜率。如果为视频触发，显示触发源和极性
水平状态 垂直状态	显示通道设置：耦合模式、垂直档位和水平档位

3. 测量

（1）基本测量

通道激活前后对比图如图 2.1.5 所示。

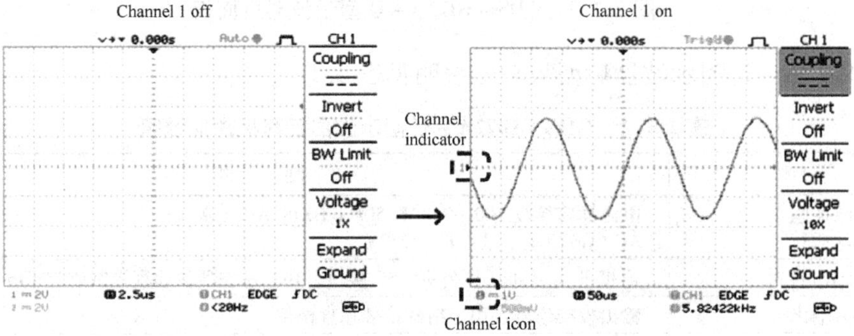

图 2.1.5 通道激活前后对比图

激活通道：按 CH1 或 CH2 键激活输入通道。通道指示灯显示在屏幕左侧，通道指示符也相应改变。

关闭通道：按两次 Channel 键（如果通道处于激活状态，仅按一次）关闭通道。

使用自动设置：Autoset 功能将输入信号自动调整到面板最佳视野处。其工作序列包括选择水平档位、水平定位波形、选择垂直档位、垂直定位波形、选择触发源通道及激活通道。使用 Autoset 时，应先将输入信号连入示波器，再按下 Autoset 键。这样，波形就能显示在屏幕中心位置了，如图 2.1.6 所示。

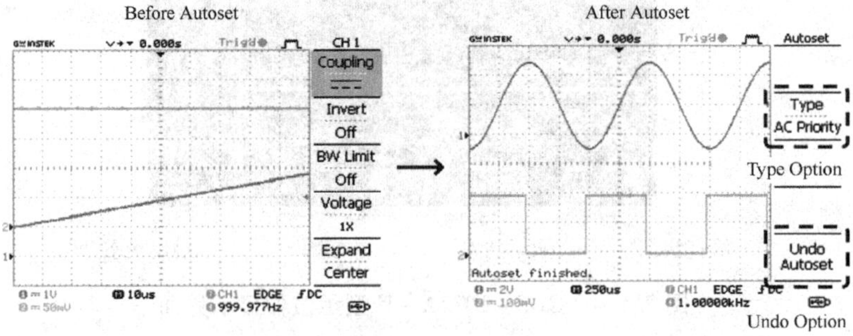

图 2.1.6 Autoset 前后对比图

取消自动设置：按 Undo Autoset（回复设置，需等待几秒）取消自动设置。

调整触发准位：如果波形仍不稳定，使用 Trigger Level 旋钮上/下调节。触发准位。

改变模式：按 Type（类型，需等待几秒）改变模式类型。Type 指示符改变。类型包含“适应屏幕”和“AC 优先”两种。下次按 Autoset 键，将启用新模式。模式改变前后对比图如图 2.1.7 所示。

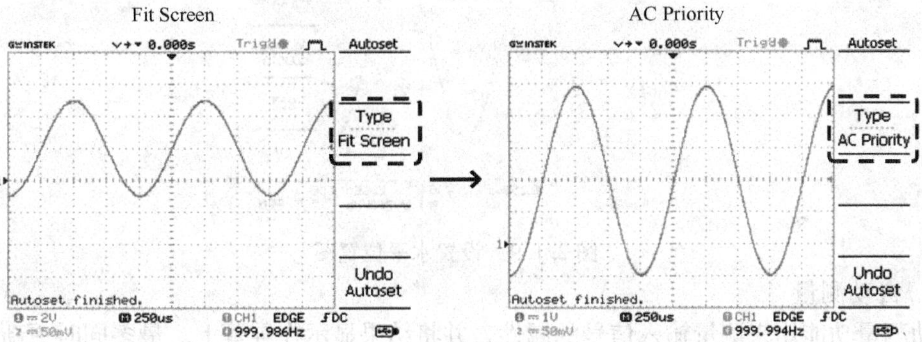

图 2.1.7　模式改变前后对比图

【注意事项】

自动设置（Autoset）功能在以下情况不适用：

1）输入信号频率小于 2Hz。

2）输入信号幅值小于 30mV。

运行和停止触发：在触发运行模式下，示波器持续搜索触发条件，一旦条件满足，屏幕更新波形信号。在触发停止模式下，示波器停止触发，屏幕保持最后一次获取的波形。

屏幕上方的触发指示符显示停止模式。按触发 Run/Stop 键切换运行/停止模式。运行和停止触发对比图如图 2.1.8 所示

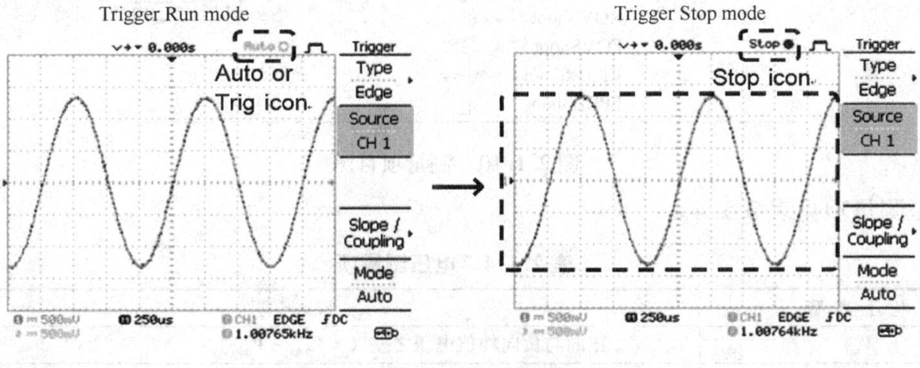

图 2.1.8　运行和停止触发对比图

设置水平位置：Horizontal position 旋钮向左或向右移动波形。位置指示符随波形移动，距中心点的偏移距离显示在屏幕上方。

设置垂直位置：旋转各通道的 Vertical position 旋钮可以上/下移动波形。波形移动时，光标的垂直位置显示在屏幕左下角。

选择垂直档位：旋转 VOLTS/DIV 旋钮改变垂直档位；向左（变小）或向右（变大）。其范围是 2mV/DIV ~ 10V/DIV，以 1－2－5 方式步进。屏幕左下角的各通道垂直档位指示符

也相应改变。水平位置设置图如图 2. 1. 9 所示。

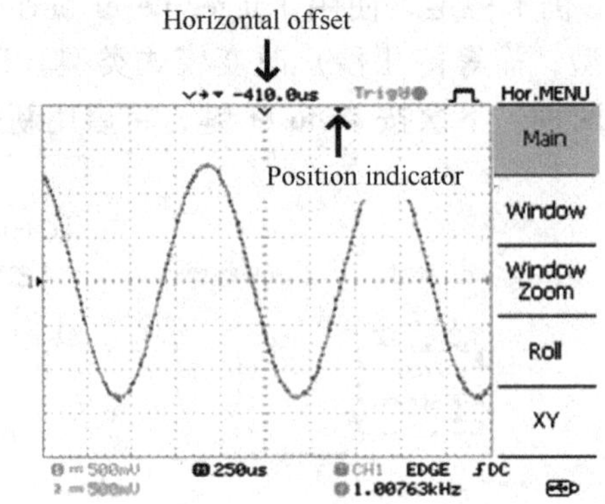

图 2. 1. 9　设置水平位置图

（2）自动测量

自动测量功能用来测量输入信号的属性，并将结果显示在屏幕上。最多同时更新 5 组自动测量项目。如有必要，所有自动测量类型都可以显示在屏幕上。测量项目如图 2. 1. 10 所示。

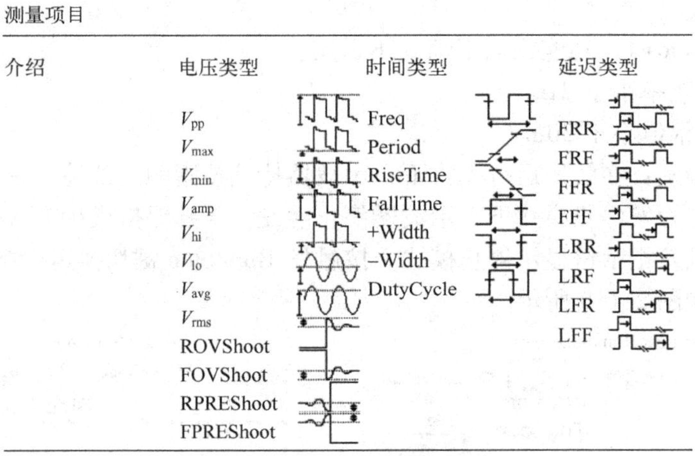

图 2. 1. 10　测量项目图

电压测量项见表 2. 1. 4。

表 2. 1. 4　电压测量项

电压类型	说　明
V_{pp}	正向与负向峰值电压之差（$=V_{max}-V_{min}$）
V_{max}	正向峰值电压
V_{min}	负向峰值电压
V_{amp}	整体最高与最低电压之差（$=V_{hi}-V_{lo}$）
V_{hi}	整体最高电压
V_{lo}	整体最低电压
V_{avg}	第一个周期的平均电压
V_{rms}	RMS（均方根）电压
ROVShoot	上升过激电压

（续）

电压类型	说　明
FOVShoot	下降过激电压
RPREShoot	上升前激电压
FPREShoot	下降前激电压

时间测量项见表2.1.5。

表2.1.5　时间测量项

测量项	说　明
Freq	波形频率
Period	波形周期（=1/Freq）
Rise Time	脉冲上升时间（0～90%）
Fall Time	脉冲下降时间（100%～10%）
+Width	正向脉冲宽度
-Width	负向脉冲宽度
DutyCycle	信号脉宽与整个周期的比值=（Pulse Width/Cycle）×100%

延迟测量项见表2.1.6。

表2.1.6　延迟测量项

测量项	说　明
FRR	信号源1的第一个上升沿与信号源2的第一个上升沿之间的时间
FRF	信号源1的第一个上升沿与信号源2的第一个下降沿之间的时间
FFR	信号源1的第一个下降沿与信号源2的第一个上升沿之间的时间
FFF	信号源1的第一个下降沿与信号源2的第一个下降沿之间的时间
LRR	信号源1的第一个上升沿与信号源2的最后一个上升沿之间的时间
LRF	信号源1的第一个上升沿与信号源2的最后一个下降沿之间的时间
LFR	信号源1的第一个下降沿与信号源2的最后一个上升沿之间的时间
LFF	信号源1的第一个下降沿与信号源2的最后一个下降沿之间的时间

测量门控：

自动测量被限制在一个指定区域（门控）。光标开启，自动测量仅针对光标之间的区域；光标关闭，测量范围涵盖屏幕上的所有点。测量门控示意图如图2.1.11所示。

启动门控：

1）开启光标（方法参考后面“（3）光标测量”中的内容），启动门控自动测量功能。

2）按Measure键。

3）右侧菜单栏显示并持续更新测量结果。所有测量都与光标位置有关。

关闭门控：

关闭光标，关闭门控自动测量。

自动测量输入信号：

自动测量右侧栏示意图如图 2.1.12 所示。

1）按 Measure 键。

2）右侧菜单栏显示并持续更新测量结果。共可以指定 5 组测量项（F1 ~ F5）。

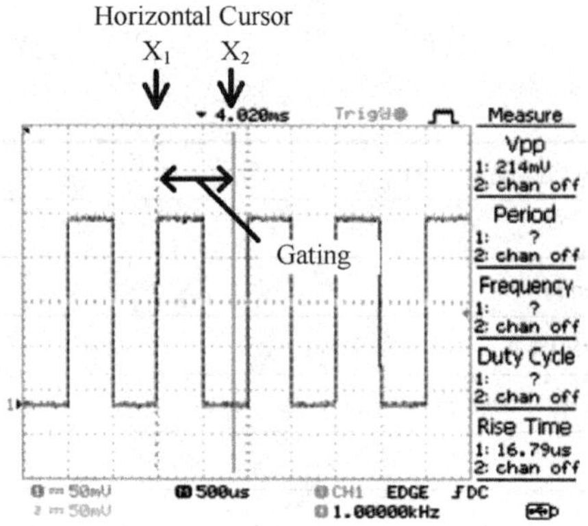

图 2.1.11　测量门控示意图

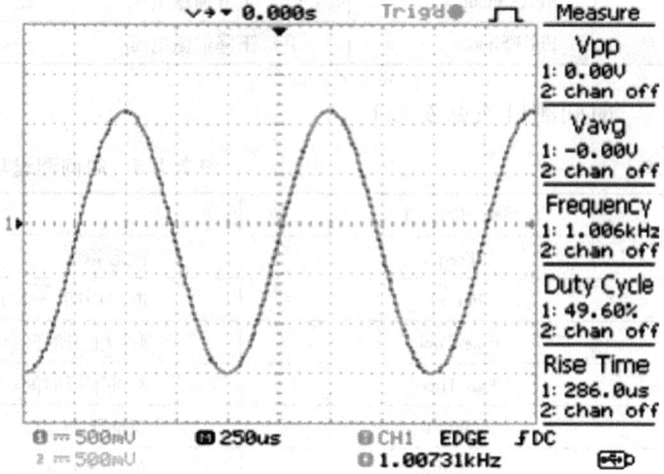

图 2.1.12　自动测量右侧栏示意图

3）按相应菜单键（F1 ~ F5）选择需要编辑的测量项。

4）显示编辑菜单。编辑菜单示意图如图 2.1.13 所示。

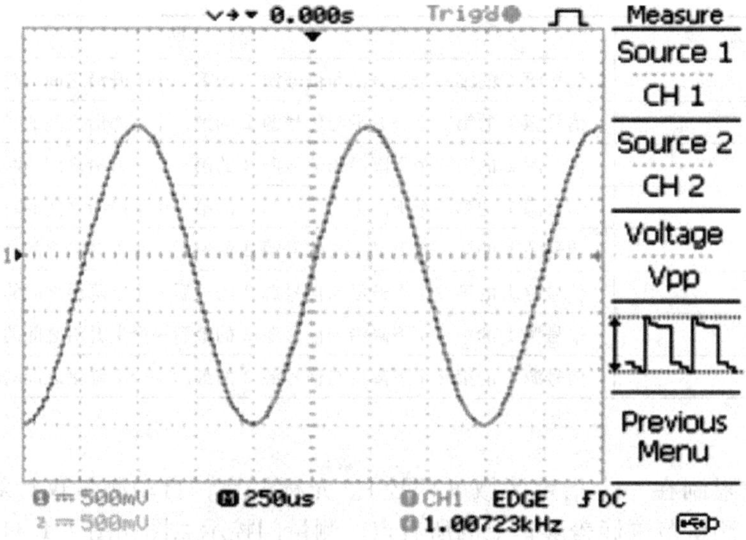

图 2.1.13　编辑菜单示意图

5）使用 Variable 旋钮选择其他的测量项。

6）重复按 Source 1/ Source 2，选择 CH1、CH2 或 MATH 作为信号源。

7）按 F3 查看全部测量项。

8）所有测量项显示在屏幕中心位置，使用 Variable 旋钮进行选择。

9）再按 F3 返回。

10）按 Previous Menu 确认选项，并返回测量结果。

（3）光标测量

水平或垂直光标线显示输入波形或数学运算结果的精确位置。水平光标显示时间、电压或电流）和频率，垂直光标显示电压或（电流）。所有测量实时更新。测量项目示意图如图 2. 1. 14所示。

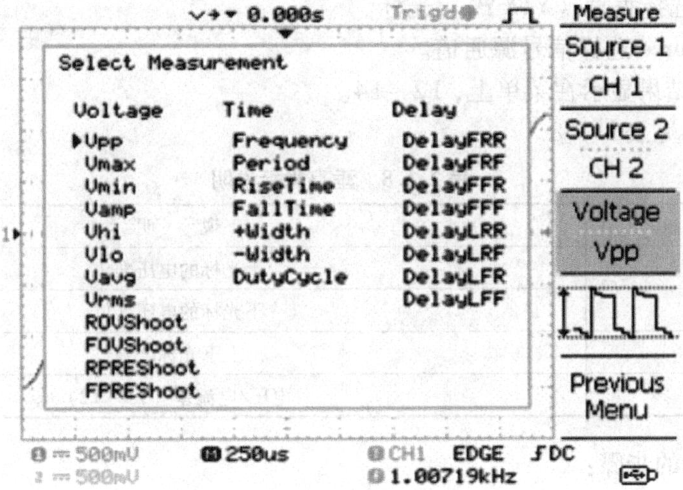

图 2. 1. 14　测量项目示意图

使用水平光标的步骤：

1）按 Cursor 键。屏幕显示光标线。

2）按 X→Y 选择水平（X1&X2）光标。

3）重复按 Source 选择信号源通道。

4）光标测量结果显示在菜单上，F2 ~ F4。

水平光标说明见表 2. 1. 7。

表 2. 1. 7　水平光标说明

光标名称	说　明
X1	左光标的时间位置（相对于零）
X2	右光标的时间位置（相对于零）
X1X2	X1 与 X2 的差值
Δ：μs	X1 与 X2 的时间差
f：Hz	将时间差转化为频率
V/A	X1 与 X2 的电压/电流差
M1：dB	左光标位置 dB
M2：dB	右光标位置 dB
Δ：dB	M1 与 M2 的 dB 差
Div	每格频率

移动水平光标的步骤：

1）按 X1，使用 Variable 旋钮移动左光标。

2）按 X2，使用 Variable 旋钮移动右光标。

3）按 X1X2，使用 Variable 旋钮同时移动两边光标。

消除光标的方法：按 Cursor 键即可消除屏幕上的光标。

使用垂直光标的步骤：

1）按 Cursor 键。屏幕显示光标线。

2）按 X↔Y 选择垂直（Y1&Y2）光标。

3）重复按 Source 选择信号源通道。

4）光标测量结果显示在菜单上，F2 ~ F4。

垂直光标说明见表 2.1.8。

表 2.1.8　垂直光标说明

光标名称	说　明
Y1	上光标的电压准位
Y2	下光标的电压准位
Y1Y2	上下光标之差
V/A	电压/电流差（Y1 - Y2）

移动垂直光标的步骤：

1）按 Y1，使用 Variable 旋钮移动上光标。

2）按 Y2，使用 Variable 旋钮移动下光标。

3）按 Y1Y2，使用 Variable 旋钮同时移动上下光标。

消除光标的方法：按 Cursor 键即可消除屏幕上的光标。

4. 设置

（1）选择耦合模式

步骤：

1）按 Channel 键。

2）重复按 Coupling（耦合）键选择耦合模式。

耦合模式说明见表 2.1.9。

表 2.1.9　耦合模式说明

耦合模式图形符号	说　明
⎓	DC 耦合模式。显示整个信号（AC 和 DC）
⏚	接地耦合模式。仅显示零电压准位线，有利于测量接地信号的幅值
∼	AC 耦合模式。仅显示信号的交流部分，有利于观察含直流成分的交流波形

（2）垂直反转波形

步骤：

1）按 Channel 键（CH1/CH2）。

2）按 Invert 反转波形（上下颠倒），通道指示符前显示一个向下的箭头。反转示意图如图 2.1.15 所示。

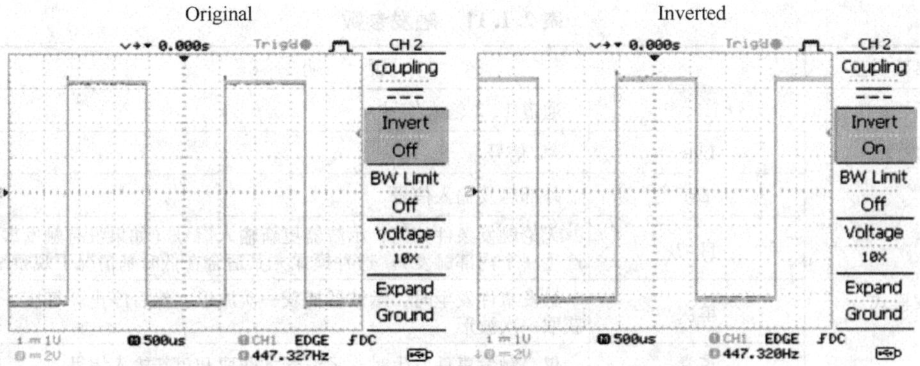

图 2.1.15　反转示意图

(3) 探棒衰减系数和类型

信号探棒可以设置为电压或电流。探棒根据需要将待测信号的准位降低到示波器的范围内。通过调整垂直档位，探棒衰减能够真实反映电压或电流值。

步骤：

1）按 Channel 键（CH1/CH2）。

2）重复按 F4 选择电压或电流探棒。

3）使用 Variable 旋钮编辑电压或电流衰减。

4）通道指示符显示的电压/电流档位相应改变，波形不变。

范围：0.1 ~2000X（1 -2 -5 步进）。

⚠**注意**：衰减系数不影响实际信号；它仅改变显示的电压/电流档位。

5. 触发

设置示波器捕获波形的触发条件。

触发类型见表 2.1.10。

表 2.1.10　触发类型

触发类型	说　明
边沿	当信号以正向或负向斜率通过某个幅度阈值时，边沿触发发生
视频	从视频格式信号中提取一个同步脉冲，并在指定视频行或场触发
脉冲	当信号的脉冲宽度与触发设置匹配时，触发发生

指示灯如图 2.1.16 所示。

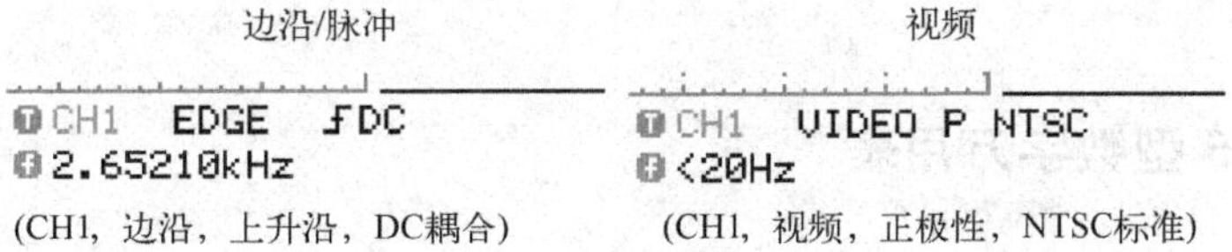

图 2.1.16　指示灯

触发参数见表 2.1.11。

表 2.1.11　触发参数

触发参数类型	说　明	
触发源	CH1，2	通道 1，2 输入信号
	Line	AC 信号
	Ext	外部触发输入信号
触发模式	自动	无论触发条件如何，示波器更新输入信号（如果没有触发事件，示波器产生一个内部触发）。这种模式尤其适合在低时基情况下观察滚动波形
	单次	触发事件发生时，示波器捕获一次波形，然后停止。每按一次 Single 键获取一次波形
	正常	仅当触发事件发生时，示波器才获取和更新输入信号
触发斜率		上升沿触发
		下降沿触发
触发耦合	AC	仅触发 AC 成分
	DC	触发 AC + DC 成分
噪声抑制	抑制噪声信号	

6. 使用举例

打开示波器电源，由于示波器具有记忆功能，之前更改过的设置会保留下来。为了消除由此带来的影响，按一下 Save/Recall 按钮，在 LCD 显示屏上找到并按下功能键 F1“初始设置”。屏幕上下分别显示黄色、蓝色两条水平线，对应于 CH1 和 CH2。触发方式为 Auto，幅值为 2V/DIV，耦合方式为直流耦合。

连续按两次 CH2 键，关掉蓝线对应的通道。观察屏幕，发现蓝线已经消失了，但显示屏上仍然对应着 CH2。再按一次 CH1 键，屏幕右上角就对应显示出 CH1。旋转 CH1 通道的 Vertical position 旋钮，屏幕上会新出现 Position（1）= *. * V。将它调节到 0.00V，这时，屏幕中间的水平线就对应于 0V。

向左旋转 VOLTS/DIV 旋钮到 10V/DIV，屏幕可显示的波形电压范围为 -40 ~ 40V。将 CH1 的表笔连在探棒补偿输出金属孔上（输出 2V，1kHz 的方波），旋转 CH1 的 VOLTS/DIV 旋钮和 TIME/DIV 旋钮到合适位置，让波形正确显示出来。如果波形左右晃动，旋转 LEVEL 旋钮到合适位置，波形就固定下来了。这时屏幕显示一个 1kHz，幅值为 0 ~ 2V 的方波。

将耦合方式变成交流耦合，波形会有向下移动的效果，变成 -1 ~ 1V 的方波。这是因为交流耦合方式下，滤掉了直流分量。

2.2　万用表

2.2.1　MY -65 型数字万用表

1. 概述

MY -65 型数字万用表整机电路设计以大规模集成电路、A - D 转换器为核心，并配以全功能的过载保护，可以测量直流电压和电流、交流电压和电流、电阻、电容、频率、温度、二极管正向压降、晶体管 hFE 参数及电路通断等。

2. 安全规则及注意事项

1）MY－65 型万用表设计符合 IEC 61010－1 的 600V CAT. Ⅲ、1000V CAT. Ⅱ和污染程度。

2）后盖没有盖好前严禁使用，否则有电击危险。

3）使用前应检查表笔绝缘层应完好、无破损及断线。

4）测量前，量程开关应置于对应量程。

5）输入信号不允许超过规定的极限值，以防电击和损坏仪表。

6）严禁量程开关在测量时任意改变档位。

7）测量公共端“COM”和大地“⏚”之间的电位差不得超过1000V，以防止电击。

8）被测电压高于 DC60V 和 AC36V 的场合，均应小心谨慎，防止触电。

3. 性能

1）直流基本准确度：±0. 5%。

2）电池不足指示：显示“[- +]”。

3）最大显示：三位半显示 19999。

4）自动关机：开机约 20 min 以后仪表自动切断电源。

5）机内电池：9V，型式为 NEDA 或 6F22 或等效型。

6）环境条件：

① 工作温度：0～40℃，相对湿度：<80%。

② 储存温度：－10～50℃，相对湿度：<85%。

4. 技术指标

准确度：±（a% 读数 + 字数），保质期一年。

保证准确度温度：23℃ ±5℃，相对湿度：<75 %。

（1）直流电压

直流电压测量的各技术指标见表 2. 2. 1。

表 2. 2. 1　直流电压测量的技术指标

量　程	分辨力（三位半）	准　确　度
200 mV	0. 1 mV	±（0. 05% +3）
2 V	1 mV	±（0. 1% +3）
20 V	10 mV	
200 V	100 mV	
1000 V	1 V	±（0. 15% +5）

输入阻抗：10MΩ。MY－65 型的分辨力比三位半高 10 倍。

过载保护：直流或交流峰值为 1000V（200mV 量程下可承受最大过载电压有效值为 250V）。

（2）交流电压

交流电压测量的各技术指标见表 2. 2. 2。

表 2.2.2　交流电压测量的技术指标

量　程	分辨力（三位半）	准 确 度
200 mV	0.1 mV	—
2V	1 mV	±（0.5% +10）
20 V	10 mV	±（0.8% +10）
200 V	100 mV	
750V	1V	±（1% +15）

输入阻抗：10 MΩ。MY－65 型的分辨力比三位半高 10 倍。

频率范围：40～400 Hz。

过载保护：直流或交流峰值为 1000 V（200 mV 量程下可承受最大过载电压有效值为 250 V）。

显示：平均值（正弦波有效值校准）。

（3）直流电流

直流电流测量的各技术指标见表 2.2.3。

表 2.2.3　直流电流测量的技术指标

量　程	分辨力（三位半）	准 确 度
20 μA	0.01 μA	—
200 μA	0.1 μA	—
2 mA	1 μA	±（0.5% +5）
20 mA	10 μA	
200 mA	100 μA	±(0.8% +5)
2 A	1 mA	—
20 A	10 mA	±(2% +10)

过载保护：200 mA/250 V 有熔断器，20 A 量程无熔断器。

最大输入电流：mA 档：200 mA；20 A 档：20 A（当被测电流大于 10A 时，连续测量时间不应超过 10 s）。

测量电压降：满量程为 200 mV。MY－65 型的分辨力比三位半高 10 倍。

（4）交流电流

交流电流测量的各技术指标见表 2.2.4。

表 2.2.4　交流电流测量的技术指标

量　程	分辨力（三位半）	准 确 度
200 μA	0.1 μA	—
2 mA	1 μA	±(0.8% +10)
20 mA	10 μA	
200 mA	100 μA	±(1.2% +10)
2 A	1 mA	—
20 A	10 mA	±(2.5% +10)

过载保护：200 mA/250 V 有熔断器，20 A 量程无熔断器。

最大输入电流：mA 档：200 mA；20 A 档：20 A（当被测电流大于 10 A 时，连续测量时间不应超过 10 s）。

测量电压降：满量程为 200 mV。MY－65 型的分辨力比三位半高 10 倍。

频率范围：40～400 Hz。

显示：平均值（正弦波有效值校准）。

（5）电阻

电阻测量的各技术指标见表 2.2.5。

表 2.2.5　电阻测量的技术指标

量　程	分辨力（三位半）	准　确　度
200 Ω	0.1 Ω	±（0.5%＋10）
2 kΩ	1 Ω	±（0.3%＋3）
20 kΩ	10 Ω	
200 kΩ	100 Ω	±（0.3%＋3）
2 MΩ	1 kΩ	
20MΩ	10kΩ	±（1%＋5）
200MΩ	100kΩ	±（5%＋10）

过载保护：有效值为 220V。MY－65 型的分辨力比三位半高 10 倍。

开路电压：＜1V（MY－65 型：约 3 V）。

（6）电容

电容测量的各技术指标见表 2.2.6。

表 2.2.6　电容测量的技术指标

量　程	分辨力（三位半）	准　确　度
20 nF	10 pF	
200 nF	100 pF	
2 μF	1 nF	±（4%＋20）
20 μF	10 nF	
200 μF	10 nF	±（5%＋20）

过载保护：直流或交流峰值为 36V。MY－65 型的分辨力比三位半高 10 倍。

（7）频率

频率测量的各技术指标见表 2.2.7。

表 2.2.7　频率测量的技术指标

量　程	分辨力（三位半）	准　确　度
20 kHz	10 Hz	±（1.5%＋5）

输入灵敏度：AC 200 mV～10 V 有效值。MY－65 型的分辨力比三位半高 10 倍。

过载保护：直流或交流峰值为 250V。

（8）晶体管 h_{FE} 测试

晶体管 h_{FE} 测试的各技术指标见表 2. 2. 8。

表 2. 2. 8　晶体管 h_{FE} 测试的技术指标

量　程	说　明	测试条件
h_{FE}	显示范围：0 ~ 1000β	$I_{bo} \approx 10\mu A$，$V_{ce} \approx 3V$

（9）二极管和蜂鸣器连续导通测试

二极管和蜂鸣器连续导通测试的各技术指标见表 2. 2. 9。

表 2. 2. 9　二极管和蜂鸣器连续导通测试的技术指标

符　号	说　明	测试条件
	显示二极管正向电压近似值	正向直流电流约 1 mA 反向直流电压约 3 V
	导通电阻 < 约 70 Ω 时机内蜂鸣器响， 显示电阻近似值	开路电压约 3V

过载保护：直流或交流峰值为 250V。

5. 使用说明

使用前注意测试表笔插孔旁的符号"⚠"，这是提醒需要留意测试电压和电流不要超出指示数字。此外，在使用前应先将量程开关置于估测量的档位上。

（1）交流电压和直流电压测量

1）将黑表笔插入 COM 插孔，红表笔插入 V 插孔。

2）将旋转开关转到电压档位合适量程，将表笔并接在被测负载或信号源上，红表笔所接端的极性也将同时显示。

⚠注意：

① 在测量之前如果不知被测电压范围，应将量程开关置于最高量程档并逐档调低。

② 如果显示屏只显示"1"时，说明被测电压已超过量程，量程开关需要调高一档。

③ 不要输入高于 1000V 直流和 750V 正弦波有效值的电压，虽然有可能得到读数，但有损坏仪表内部线路的危险。不要在公共端和大地之间施加高于 1000V 直流和 750V 正弦波有效值的电压，以防遭到电击或损坏仪表。

④ 特别注意在测量高压时避免触电。

（2）交流电流和直流电流测量

1）切断被测电路的电源。将被测电路上的全部高压电容放电。

2）将黑表笔插入 COM 插孔，当被测电流在 200 mA 以下时（MY－60 型被测电流在 2 A 以下），将红表笔插入 mA 插孔；如被测电流在 200 mA ~ 20 A 之间（MY－60 型被测电流在 2 ~ 20 A 之间）则将红表笔插入 20 A 插孔。

3）将旋转开关转到电流档位合适量程，测试笔串入被测电路中，接通电源，仪表显示电流读数，如果测直流电流，红表笔所接端的极性也将同时显示。

⚠注意：

① 在测量之前如果不知被测电流范围，应将量程开关置于最高量程档并逐档调低。

② 如果显示屏只显示“1”时，说明被测电流已超过量程，量程开关需要调高一档。

③ mA 插孔最大输入电流为 200 mA（MY－60 型为 2 A）。

④ 20 A 插孔无熔断器，测量时间应小于 10 s，以避免线路发热影响准确度。

（3）电阻测量

1）将黑表笔插入 COM 插孔，红表笔插入 VΩ 插孔。

2）将旋转开关转到 Ω 档位合适量程，将测试笔跨接到待测电阻上，直接由显示器读取被测电阻值。

⚠注意：

① 为避免仪表或被测设备的损坏，测量电阻前，应切断被测电路的所有电源并将所有高压电容器放电。

② 在测量低电阻时，为了测量准确，需先短路两表笔得出表笔短路时的电阻值，在测量被测电阻后减去该电阻值。

③ 在线测量电阻时，注意仪表的输出电压能达到使二极管或晶体管导通，会影响测量准确度。

④ 当被测电阻 > 1MΩ 时，仪表需数秒后方能稳定读数，对于高电阻的测量这是正常的。

（4）电容测量

将旋转开关转到电容档合适量程，将被测电容插入电容测量槽中，有必要时请注意极性连接。

⚠注意：

① 不要把一个外部电压或已充电的电容（特别是大电容）连接到测试端，测量前可用直流电压档确定电容器是否已被放电。

② 测量大电容时，稳定读数需要一定时间。当大电容严重漏电或已击穿时，一般测量值会不稳定。

③ 为改善低于 20 nF 测量值的精度，应减去仪表和导线的分布电容。

（5）频率测量

1）将黑表笔插入 COM 插孔，红表笔插入 VΩ 插孔。

2）将旋转开关转到 Hz 量程，将红表笔连接到频率源上。

⚠注意：

测量高压时使用外部衰减以避免损坏仪表。

（6）温度测量

将量程开关置于 ℃ 档，并将温度传感器的冷端（自由端）插入 mA 和 COM 之间（红色插头插入 mA 插孔，黑色插头插入 COM 插孔），传感器的工作端（测温端）置于待测物上面或内部，可直接从显示屏上读取温度值，单位为℃。

⚠注意：

随机配送的 K 型热电偶最高测量温度为 250℃，瞬时测量可达 300℃。

（7）双极型晶体管（以下简称晶体管）h_{FE}参数测量

1）将旋转开关转到 h_{FE}档。

2）先认定晶体管是 PNP 型还是 NPN 型，然后再将被测晶体管 E、B、C 三脚分别插入面板对应的测试插孔内。

3）仪表显示的是 h_{FE} 近似值，测试条件为基极电流 10 μA 、V_{ce} 约 3 V。

（8）二极管测量

1）将黑表笔插入 COM 插孔，红表笔插入 VΩ 插孔（红表笔极性为“+”）。

2）将旋转开关转到—▷|—档，将测试笔跨接在被测二极管上。

⚠**注意：**

① 当输入端开路时，仪表显示为过量程状态。

② 仪表显示值为正向压降伏特值，当二极管反接时则显示过量程状态“1”。

（9）蜂鸣连续性通断测试

1）将黑表笔插入 COM 插孔。

2）将旋转开关转到□◁档（与二极管—▷|—测试同一量程），将测试笔跨接在欲检查的电路两端上。

3）若被检查两点之间的电阻值约小于 70 Ω 时，蜂鸣器即刻发出鸣叫声。

⚠**注意：**

被测电路必须在切断电源状态下检查通断，因为任何负载信号将会使蜂鸣器发声，导致错误判断。

（10）数据保持

按下“HOLD”键时，显示数据被锁住，仪表显示“H”符号，释放“HOLD”键时，仪表正常测量。

6. 仪表维护

⚠**注意：**

① 为避免受到电击或损坏仪表，不可弄湿仪表内部。在打开外壳或电池盖前，必须把测试笔和输入信号拆除。

② 不要使用研磨剂或化学溶剂清洁仪表外壳。

③ 保持输入插座清洁，插座弄脏或潮湿可能会影响测量精度。

④ 液晶显示“[- +]”符号时，表示电池电量不足，应及时更换新的 9V（6F22）电池，以确保测量精度。

⑤ 当 mA 插孔不能测量时，请检查熔断器是否熔断。如果熔断，请更换相同规格的熔断器。

2.2.2 VC890D 型数字万用表

1. VC890D 型数字万用表的结构组成

VC890D 型数字万用表由 RC 阻容滤波器、A－D 转换器（双积分式）、LCD 液晶显示器组成。而数字万用表则是在此基础上增加了交流－直流（AC－DC）、电流－电压（A－V）、电阻－电压（Ω－V）几部分转换器组建而成，其设计采用大规模集成电路，原理框图如图 2.2.1所示。

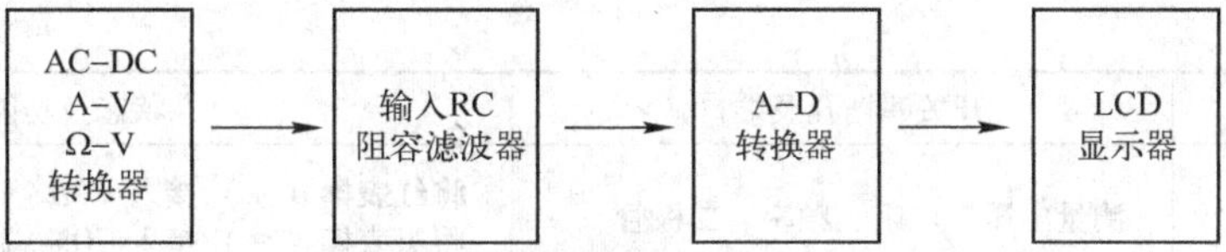

图 2.2.1　数字万用表原理框图

2. 面板结构及功能

VC890D 型数字万用表是一种结构紧固、电池驱动的四位半数字万用表。能够测量直流和交流电压、直流和交流电流、电阻、电容、二极管及晶体管 hFE 和频率等。具有自动调零、极性选择、过量程显示和读数保持功能。其面板结构如图 2.2.2 所示。

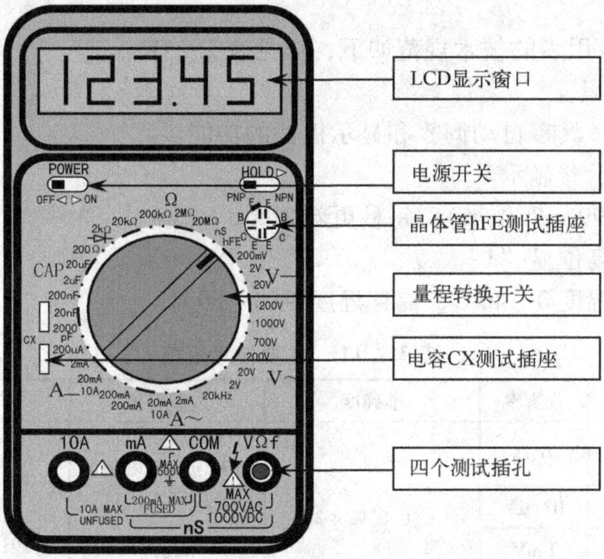

图 2.2.2　VC890D 数字万用表面板结构图

面板上有 LCD 显示窗口、拨动式开关（电源开关）、晶体管（NPN、PNP）hFE 测试插孔、电容 CX 测试插孔、量程转换开关及四个输入测试端口（10 A、mA、COM、V/Ω/f）。面板结构各部分的功能见表 2.2.10。

表 2.2.10　面板结构各部分功能

名　　称	开关、插孔及端口	状态及功能
LCD 显示窗口	工作状态时	自动显示相应档位所测数值及极性
拨动式开关	POWER（电源开关）	OFF (　)：电源关断 ON (→)：电源打开
	HOLD（保持开关）	HOLD (→)：当前数据保持在显示器上
晶体管（NPN、PNP）h_{FE}测试插孔	晶体管（PNP）h_{FE}测试插孔	测试 PNP 型晶体管的 h_{FE} 参数时，插在左侧 E、B、C 测试插孔
	晶体管（NPN）h_{FE}测试插孔	测试 NPN 型晶体管的 h_{FE} 参数时，插在右侧 E、B、C 测试插孔
电容测试插孔	CX 电容测试插孔	测试电容时，插在 CX 插孔
量程转换开关	30 个档位量程及功能选择	先按不同测量的需要选择功能键；再按从大到小使用原则选择量程档

（续）

<table>
<tr><th>名　　称</th><th>开关、插孔及端口</th><th>状态及功能</th></tr>
<tr><td rowspan="3">四个输入端口：V/Ω/f（红表棒）、COM（黑表棒）、mA、10A</td><td>测量电压、电阻、频率、二极管</td><td>将红表棒（+）接入 V/Ω/ f 端口
将黑表棒（-）接入 COM 端口</td></tr>
<tr><td>测量电流</td><td>将红表棒（+）接入 mA、10A 端口
将黑表棒（-）接入 COM 端口</td></tr>
<tr><td>测量电导</td><td>将红表棒（+）接入 V/Ω/ f 端口
将黑表棒（-）接入 mA 端口</td></tr>
</table>

3. 主要技术规范

VC890D 型数字万用表的技术规范如下，详见表 2.2.11。

电源：9V 电池一只。

调零和极性选择：具有自动调零和显示极性的功能。

低电压显示：显示器显示。

最大值显示：19999（四位半）；每秒更新 2 次。

超量程显示：最高位显“1”。

环境温度：工作温度 0 ~ 40℃；储存温度 -10 ~ 50℃。

表 2.2.11　主要技术规范

<table>
<tr><th>测量名称</th><th>量程</th><th>分辨率</th><th>准确度</th><th>过载保护</th><th>说　　明</th></tr>
<tr><td rowspan="5">直流电压</td><td>200 mV</td><td>10 μV</td><td rowspan="4">±(0.05% +3)</td><td>250 V
（DC 或 AC 峰值）</td><td rowspan="5">所有量程输入阻抗为 10 MΩ</td></tr>
<tr><td>2 V</td><td>100 μV</td><td rowspan="4">1000 V
（DC 或 AC 峰值）</td></tr>
<tr><td>20 V</td><td>1 mV</td></tr>
<tr><td>200 V</td><td>10 mV</td></tr>
<tr><td>1000 V</td><td>100 mV</td><td>±(0.1% +5)</td></tr>
<tr><td rowspan="4">交流电压</td><td>2 V</td><td>100 μV</td><td rowspan="3">±(0.8% +10)</td><td rowspan="4">1000 V（DC）</td><td rowspan="4">所有量程输入阻抗为 10 MΩ，在 40 ~ 400 Hz（200 V 以上为 40 ~ 100 Hz）频率范围内，显示为正弦波有效值</td></tr>
<tr><td>20 V</td><td>1 mV</td></tr>
<tr><td>200 V</td><td>10 mV</td></tr>
<tr><td>700 V</td><td>100 mV</td><td>±(1% +15)</td></tr>
<tr><td rowspan="5">直流电流</td><td>200 μA</td><td>0.01 μA</td><td rowspan="3">±(0.5% +2)</td><td rowspan="4">0.2 A/250 V
熔丝</td><td rowspan="5">最大输入电流：10 A（不超过 15 s）
最大测量电压：200 mV</td></tr>
<tr><td>2 mA</td><td>0.1 μA</td></tr>
<tr><td>20 mA</td><td>1 μA</td></tr>
<tr><td>200 mA</td><td>10 μA</td><td>±(0.75% +5)</td></tr>
<tr><td>10 A</td><td>1 mA</td><td>±(2% +10)</td><td>无熔丝</td></tr>
<tr><td rowspan="4">交流电流</td><td>2 mA</td><td>0.1 μA</td><td rowspan="3">±(0.8% +10)</td><td rowspan="3">0.2 A/250 V
熔丝</td><td rowspan="4">最大输入电流与最大测量电压同上，在 40 ~ 400 Hz 频率范围内，显示为正弦波有效值</td></tr>
<tr><td>20 mA</td><td>1 μA</td></tr>
<tr><td>200 mA</td><td>10 μA</td></tr>
<tr><td>10 A</td><td>1 mA</td><td>±(2% +10)</td><td>无熔丝</td></tr>
</table>

(续)

测量名称	量程	分辨率	准确度	过载保护	说明
电阻	200 Ω	0.01 Ω	±(0.2% +5)	250 V (DC 或 AC 峰值)	开路电压：3 V 在用 200 Ω 档测试时，应先将两表笔短路，测得表笔引线电阻，然后在实测中减去
	2 kΩ	0.1 Ω	±(0.2% +1)	500 V (DC 或 AC 峰值)	
	20 kΩ	1 Ω			
	200 kΩ	10 Ω			
	2 MΩ	100 Ω			
	20 MΩ	1 kΩ	±(0.5% +1)		
电导	0.1 ~ 100 nS (单位：纳西)	0.1 nS	±(1% +2)	500 V (DC 或 AC 峰值)	开路电压：3 V 电阻范围：10 ~ 10000 MΩ 100 nS = 10 MΩ
电容	2 nf (2000 pF)	0.1 pF	±(2.5% +10)	100 V (DC 或 AC 峰值)	
	20 nF	1 pF			
	200 nF	10 pF			
	2 μF	0.1 pF			
	20 μF	1 nF			
频率	10 Hz ~ 20 kHz	1 Hz	±(1% +5)		灵敏度：1 V 最大输入电压：220 V_{rms} (不超过 15 s)
晶体管	h_{FE}		测试条件：基极电流约 10 μA，V_{ce}为 3 V		显示晶体管 h_{FE} 的近似值
二极管			测试条件：正向电流约 1 mA，反向电压约 3 V		显示二极管正向压降的近似值

4. 测量前须知

1）将 ON－OFF 开关置 ON 位置，察看电池电量是否充足。若显示器上出现符号，表示电池电量不足。此表在低电压下工作，读数可能出错，为避免错误的读数造成错觉而导致电击伤害，显示低电压符号时应及时更换电池。

2）在输入插口旁的“”与“”符号是用来警告输入电压或电流不可超过表上指定极限，否则会造成仪表损坏。

3）测量时，须明确面板结构与各部位的作用，并将各功能开关与量程档位配合使用。量程开关表示数值为该档量程的上限值。若显示器显示溢出标记“1”，表明量程选值太小，应将量程转至数值较大的档位上。若不能确定被测参数的范围时，量程档选择应遵循由大到小的原则。

4）HOLD（→）开关只有需要保持当前数据时才拨动向右，其余时间应拨向左边。

5）不要在量程开关为 Ω 位置时，测量电压或电流值。

6）养成良好的习惯，测完后将电源开关置于 OFF 位置。

5. 测量方法

测量方法见表 2.2.12。

表 2.2.12　测量方法

测量名称及功能键位置	输入端口表笔位置	量程开关位置	表笔和被测电路的连接方式及显示	注意事项
测量直流电压 开关置：V－	红表棒（＋）接：V/Ω/ f 端口 黑表棒（－）接：COM 端口	将量程开关转至 200 mV～1000 V 之间相应的 V－量程档上	测试表笔跨接在被测电路上 红表笔所接之点的电压与极性显示在屏幕上	被测电压且勿超过（V－）1000 V 测量高电压时，避免触及高能电路 屏幕上只显示负电压（－）极性
测量交流电压 开关置：V～		将量程开关转至 2～700 V 之间相应的 V～量程档上	测试表笔跨接在被测电路上 表笔所接之点的电压显示在屏幕上	被测电压且勿超过（V～）700 V 测量高电压时，避免触及高能电路
测量直流电流 开关置：A－	红表棒（＋）接：mA 端口 红表棒（＋）接：10A 端口 黑表棒（－）接：COM 端口	用 mA 端口时：将量程开关转至 200 μA～200 mA 之间相应的 A－量程档上 用 10 A 端口时：将量程开关转至 10 A 的 A－量程档上	测试表笔串接在被测电路中 红表笔所接之点的极性与流过仪表的电流同时显示在屏幕上	在 mA 端口：最大量限为 200 mA 超限会烧熔丝 在 10A 端口：最大量限为 10 A 此档无保护 （限测 15 s） 屏幕上只显示负电流（－）极性
测量交流电流 开关置：A～		用 mA 端口时：将量程开关转至 2～200 mA 之间的 A～量程档上 用 10 A 端口时：将量程开关转至 10 A 的 A～量程档上	测试表笔串接在被测电路中 表笔所接之点的电流显示在屏幕上	
测量电阻 开关置：Ω	红表棒（＋）接：V/Ω/ f 端口 黑表棒（－）接：COM 端口	将量程开关转至200 Ω～20 MΩ 之间相应的 Ω 量程档上	测试表笔跨接在被测电阻上 表笔所接之点的电阻值显示在屏幕上	200 Ω 档测试时，须测线电阻（见技术说明），同时要确认被测电路所有电源已切断且高压电容都已完全放电时，才可进行测量
测量电容 开关置：CAP	在数字万用表的左侧下方，有两个竖直的、标识为 CX 的插孔，即为电容测试插座	将量程开关转至 2000 pF～20 μF 之间相应的 CAP 量程档上	将被测电容可靠地跨接在插座两端 所接之点的电容值显示在屏幕上	应合理选择量程档
测量晶体管 开关置：h_{FE}	在数字万用表的右侧上方，有个圆形 8 眼的、标识分别为 PNP 和 NPN 的插孔，即为测试插座	将量程开关转至 h_{FE} 量程档上 根据所测晶体管（PNP 或 NPN）的型号，将其发射极 E、基极 B、集电极 C 分别插入对应插孔	将被测晶体管的 E、B、C 可靠地插在对应插座的三个孔中 所接之点的 h_{FE} 值显示在屏幕上	
测量二极管 开关置：—▶|—	红表棒（＋）接：V/Ω/ f 端口 黑表棒（－）接：COM 端口	将量程开关转至 —▶|—（与 2 kΩ 电阻同档）的量程档上	测试表笔跨接在被测二极管上 红表笔所接之点的极性与所测二极管的正向电压值同时显示在屏幕上	若黑表笔接二极管正极屏幕显“1”，表示二极管反向截止

（续）

测量名称及功能键位置	输入端口表笔位置	量程开关位置	表笔和被测电路的连接方式及显示	注意事项
测量频率 开关置：20 kHz	红表棒（+）接：V/Ω/ f端口 黑表棒（-）接：COM 端口	将量程开关转至 20 kHz 量程档上	将表笔或电缆跨接在信号源或被测负载上 表笔所接之点的频率读数显示在屏幕上	仅适用测试 10 Hz ~ 20 kHz 量程范围 若输入超过 10 Vrms 时读数有超差。噪声下测小信号时使用屏蔽电缆
测量电导 开关置：nS （单位：纳西）	红表棒（+）接：V/Ω/ f端口 黑表棒（-）接：mA 端口	将量程开关转至 nS（纳西）量程档上	将表笔连接在待测绝缘电阻上 表笔所接之点的电导值显示在屏幕上	电阻范围：10 ~ 10000 MΩ（100 nS 对应 10 MΩ） 电导测量范围：≤100 nS

2.3 sm2030a 型数字交流毫伏表

2.3.1 面板介绍

1. 前面板

每个键上都有指示灯，指示当前状态。sm2030a 型毫伏表前面板如图 2.3.1 所示。

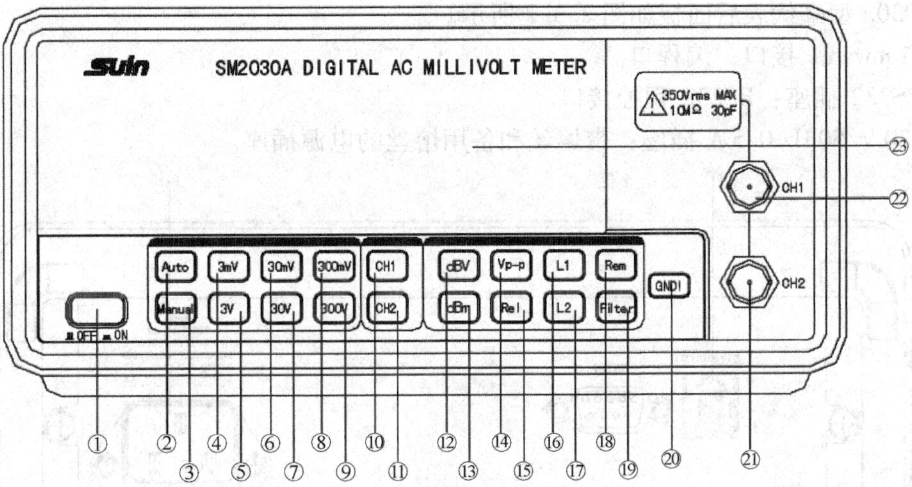

图 2.3.1　sm2030a 型毫伏表前面板

①【ON/OFF】键：电源开关。

②~③【Auto】键、【Manual】键：选择改变量程的方法，两键互锁。按下【Auto】键，切换到自动选择量程。在自动功能，当输入信号约大于当前量程的 13% 时，自动加大量程；当输入信号约小于当前量程的 10% 时，自动减小量程。按下【Manual】键切换到手动选择量程。使用手动（Manual）量程，当输入信号大于当前量程的 13% 时，显示 OVLD，应加大量程；当输入信号小于当前量程的 8% 时，显示 LOWER，必须减小量程。手动量程的测量速度比自动量程快。

④～⑨【3mV】键～【300V】键：手动量程时切换并显示量程。六键互锁。

⑩～⑪【CH1】键、【CH2】键：选择输入通道，两键互锁 。按下【CH1】键选择 CH1 通道；按下【CH2】键选择 CH2 通道。

⑫～⑭【dBV】键～【Vpp】键：把测得的电压值用电压电平、功率电平和峰－峰值表示，三键互锁，按下任何一个量程键退出。【dBV】键：电压电平键，0 dBV = 1 V。【dBm】键：功率电平键，0 dBm = 1 mW，600 Ω。【Vpp】键：显示峰－峰值。

⑮【Rel】键：归零键。记录“当前值”然后显示值变为：测得值即“当前值”。显示有效值、峰－峰值时按归零键有效，再按一次退出。

⑯～⑰【L1】键、【L2】键：显示屏分为上、下两行，用【L1】、【L2】键选择其中的一行，可对被选中的行进行输入通道、量程和显示单位的设置，两键互锁。

⑱【Rem】键：进入程控，再按一次退出程控。

⑲【Filter】键：开启滤波器功能，显示 5 位读数。

⑳【GND!】键：接大地功能。连续按键 2 次，仪器处于接地状态（在接地状态，输入信号切莫超过安全低电压，谨防电击。）。再按一次，仪器处于浮地状态。

㉑ CH1：输入插座。

㉒ CH2：输入插座。

㉓ 显示屏：VFD 显示屏。

2. 后面板

sm2030a 型毫伏表后面板如图 2. 3. 2 所示。

① Firmware1 接口：编程口。

② RS232 插座：RS232 程控接口。

③ 220 V/50 Hz 0. 5 A 插座：带熔丝和备用熔丝的电源插座。

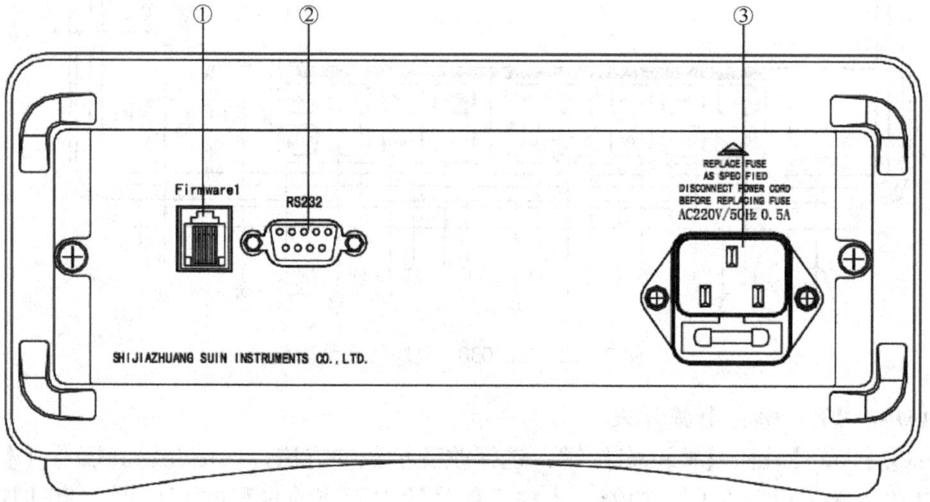

图 2. 3. 2　sm2030a 型毫伏表后面板

2. 3. 2　基本操作

（1）开机

按下面板上的电源开关按钮，电源接通。仪器进入初始状态。

（2）预热

精确测量需预热 30 min 以上。

（3）选择输入通道、量程和显示单位

1）按下【L1】键，选择显示器的第一行，设置第一行有关参数：

① 用【CH1】/【CH2】键选择向该行送显的输入通道。

② 用【Auto】/【Manual】键选择量程转换方法。使用手动“Manual”量程时，用【3mV】~【300V】键手动选择量程，并指示出选择的结果。使用自动“Auto”量程时，自动选择量程。

③ 用【dBV】、【dBm】、【Vpp】键选择显示单位，默认的单位是有效值。

2）按下【L2】键，选择显示器的第二行，按照上述方法设置第二行有关参数。

（4）输入被测信号

sm2000a 系列有两个输入端，由 CH1 或 CH2 输入被测信号，也可由 CH1 和 CH2 同时输入两个被测信号。

（5）读取测量结果

（6）关机后再开机，间隔时间应大于 10 s

2.3.3 技术指标

1. 测量范围

交流电压：50 μV ~300 V。

dBV：−86 ~50 dBV。

dBm：−83 ~52 dBm。

Vpp：140 μV ~850 V。

2. 量程

量程有 3 mV、30 mV、300 mV、3 V、30 V 及 300 V。

3. 频率范围

频率范围为 5 Hz ~3 MHz。

4. 电压测量误差（(23 ±5)℃温度条件下）

电压测量误差见表 2. 3. 1。

表 2. 3. 1 电压测量误差

频率范围	电压测量误差
5 ~100 Hz	±2. 5% 读数 ±0. 8% 量程
100 Hz ~500 kHz	±1. 5% 读数 ±0. 5% 量程
500 kHz ~2 MHz	±2% 读数 ±1% 量程
2 ~3 MHz	±3% 读数 ±1% 量程
3 ~5 MHz	±4% 读数 ±2% 量程

5. 分辨率

分辨率各技术指标见表 2. 3. 2。

表 2.3.2 分辨率的技术指标

量　　程	显示三位半		显示四位半	
	满度值	电压分辨率	满度值	电压分辨率
3 mV	3.000 mV	0.001 mV	3.0000 mV	0.0001 mV
30 mV	30.00 mV	0.01 mV	30.000 mV	0.001 mV
300 mV	300.0 mV	0.1 mV	300.00 mV	0.01 mV
3 V	3.000 V	0.001 V	3.0000 V	0.0001 V
30 V	30.00 V	0.01 V	30.000 V	0.001 V
300 V	300.0 V	0.1 V	300.00 V	0.01 V

6. 输入电阻

输入电阻为 10 MΩ。

7. 输入电容

输入电容为 30 pF。

8. 最大不损坏输入电压

最大不损坏输入电压的技术指标见表 2.3.3。

表 2.3.3 最大不损坏输入电压的技术指标

量　　程	频　　率	最大输入电压
3 ~ 300 V	5 Hz ~ 5 MHz	350 V_{rms}
3 ~ 300 mV	5 Hz ~ 1 kHz	350 V_{rms}
	1 ~ 10 kHz	35 V_{rms}
	10 kHz ~ 5 MHz	10 V_{rms}

9. 预热时间

预热时间为 30 min。

10. 供电电源

频率：50(1 ±5%)Hz；电压：220(±10%)V；功率：≥20 V · A。

11. 功耗

功耗 <20 V · A。

12. 环境条件

温度：0 ~ +40℃；相对湿度：40℃(20 ~ 90)%。

大气压强：86 ~ 106 kPa。

2.3.4 使用晶体管毫伏表的常见问题

1）毫伏表的量程开关置于低量程档时，当输入线（红、黑测试夹）处于开路状态，然而毫伏表有读数，这种现象正常吗？是毫伏表坏了吗？

出现这种现象是正常的，也不是毫伏表坏了。由于输入线的红、黑测试夹本身就是两个导体，空间有电磁场，电磁场切割这两个导体，便产生了感应电动势，由于毫伏表的输入灵敏度很高，毫伏表的示数就会发生变化。

2）测量过程中有时毫伏表会出现读数不停地跳动现象，为什么？

一种情况是测量信号上叠加有较大的干扰信号，另外是测量信号自身的幅值在振荡；再就是测量信号的频率太低（小于 20 Hz）。一般通过示波器观察被测量信号，就会发现问题所在了。

3）在面包板上搭接的电子线路，最好不要直接通过测试夹进行测量，为什么？

面包板连接的电子线路，最好不要将毫伏表（包括示波器）红黑测试夹直接夹在元器件的引脚上进行测量。一方面会产生元器件的松动，造成元器件引脚与面包板内部弹片之间接触不良。另一方面，也可避免通过测试夹形成元器件之间短路等不安全因素。建议的方法是：在测试夹上再连接比较“短”的单股硬导线，形成“探针”，再将“探针”插入面包板的测试点中。

4）晶体管毫伏表能用来测量直流电压吗？

不能。只能测量正弦交流电压的有效值。

5）正弦信号出现了失真，此时还能用毫伏表进行测量吗？（毫伏表与示波器的配合问题）

一旦波形失真，用毫伏表测量的结果便毫无意义。在做模电实验时，比如测量单管放大器电压放大倍数，需用晶体管毫伏表定量测试正弦交流电压有效值时，不要忘记使用示波器监视被测电压的波形，一旦波形失真，需要调整放大器的参数。在观察到波形不失真的情况下，方可使用毫伏表进行定量测试。即用到毫伏表，必用示波器。

2.4　TFG6000 型 dds 函数发生器

2.4.1　面板介绍

1. 前面板

TFG6000 型 dds 函数发生器前面板如图 2.4.1 所示。

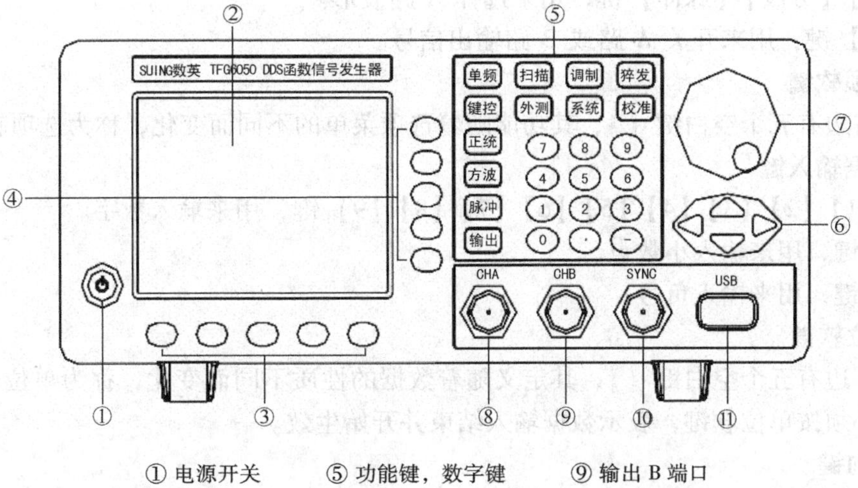

① 电源开关	⑤ 功能键，数字键	⑨ 输出 B 端口
② 显示屏	⑥ 方向键	⑩ 同步输出端口
③ 单位软件	⑦ 调节旋钮	⑪ USB 设备端口
④ 选项软件	⑧ 输出 A 端口	

图 2.4.1　TFG6000 型 dds 函数发生器前面板

2. 后面板

TFG6000 型 dds 函数发生器后面板如图 2.4.2 所示。

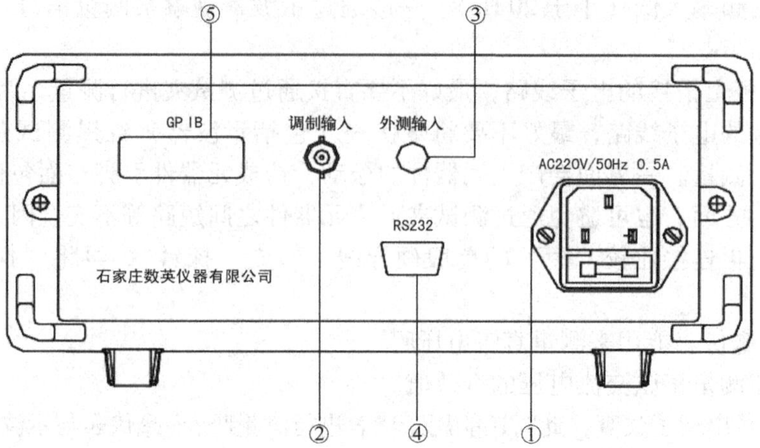

① 电源插座　　③ 外测输入　　⑤ GPIB
② 外调制输入　④ RS232 接口

图 2.4.2　TFG6000 型 dds 函数发生器后面板

2.4.2　键盘说明

仪器前面板上共有 38 个按键，可以分为五类。

1. 功能键

【单频】【扫描】【调制】【猝发】【键控】键，分别用来选择仪器的十种功能。

【外测】键，用来选择频率计数功能。

【系统】【校准】键，用来进行系统设置及参数校准。

【正弦】【方波】【脉冲】键，用来选择 A 路波形。

【输出】键，用来开关 A 路或 B 路输出信号。

2. 选项软键

屏幕右边有五个空白键〖〗，其功能随着选项菜单的不同而变化，称为选项软键。

3. 数据输入键

【0】【1】【2】【3】【4】【5】【6】【7】【8】【9】键，用来输入数字。

【·】键，用来输入小数点。

【-】键，用来输入负号。

4. 单位软键

屏幕下边有五个空白键〖〗，其定义随着数据的性质不同而变化，称为单位软键，数据输入之后必须按单位软键，表示数据输入结束并开始生效。

5. 方向键

【<】键：光标位左移键，数字输入时退格删除键。

【>】键：光标位右移键。

【∧】【∨】键：用来步进增减 A 路信号的频率或幅度。

2.4.3 基本操作

下面举例说明基本操作方法，可满足一般使用的需要。如果遇到疑难问题或较复杂的使用，可查阅《TFG6000 用户使用指南》，这里不再赘述。

1. A 路单频

按【单频】键，选中“A 路单频”功能。

A 路频率设定：设定频率值为 3.5 kHz。

按〖选项 1〗软键，选中“A 路频率”，按【3】【·】【5】〖kHz〗。

A 路频率调节：按【<】或【>】键可移动数据中的白色光标指示位，左右转动旋钮可使指示位的数字增大或减小，并能连续进位或借位，由此可任意粗调或细调频率。其他选项数据也都可用旋钮调节，不再重述。

A 路周期设定：设定周期值为 2.5 ms。

按〖选项 1〗软键，选中“A 路周期”，按【2】【·】【5】〖ms〗。

A 路幅度设定：设定幅度峰 - 峰值为 3.2V_{pp}。

按〖选项 2〗软键，选中“A 路幅度”，按【3】【·】【2】〖Vpp〗。

A 路幅度设定：设定幅度有效值为 1.5 V_{rms}。

按【1】【·】【5】〖Vrms〗。

A 路衰减选择：选择固定衰减 0 dB（开机或复位后选择自动衰减 Auto）。

按〖选项 2〗软键，选中“A 路衰减”，按【0】〖dB〗。

A 路偏移设定：在衰减为 0 dB 时，设定直流偏移值为 -1 V。

按〖选项 3〗软键，选中“A 路偏移”，按【-】【1】〖Vdc〗。

A 路波形选择：选择脉冲波。

按【脉冲】。

A 路脉宽设定：设定脉冲宽度为 35 μs。

按〖选项 4〗软键，选中“A 路脉宽”，按【3】【5】〖μs〗。

A 路占空比设定：设定脉冲波占空比为 25%。

按〖选项 4〗软键，选中“占空比”，按【2】【5】〖%〗。

存储参数调出：调出 15 号存储参数。

按〖选项 5〗软键，选中“参数调出”，按【1】【5】〖ok〗。

A 路频率步进：设定频率步进为 12.5 Hz。

按〖选项 5〗软键，选中“步进频率”，按【1】【2】【·】【5】〖Hz〗，再按〖选项 1〗软键，选中“A 路频率”，然后每按一次【∧】键，A 路频率增加 12.5 Hz，每按一次【∨】键，A 路频率减少 12.5 Hz。A 路幅度步进与此类同。

2. B 路单频

按【单频】键，选中“B 路单频”功能。

B 路频率幅度设定：B 路的频率和幅度设定与 A 路相类同，只是 B 路不能进行周期设定，幅度设定只能使用峰 - 峰值，不能使用有效值。

B 路波形选择：选择三角波。

按〖选项 3〗软键，选中“B 路波形”，按【2】〖No.〗。

A 路谐波设定：设定 B 路频率为 A 路的三次谐波。

按〖选项 4〗软键，选中“A 路谐波”，按【3】〖time〗。

AB 相差设定：设定 AB 两路信号的相位差为 90°。

按〖选项 4〗软键，选中“AB 相差”，按【9】【0】〖°〗。

两路波形相加：A 路和 B 路波形线性相加，由 A 路输出。

按〖选项 5〗软键，选中“AB 相加”。

3. 频率扫描

按【扫描】键，选中“A 路扫频”功能。

始点频率设定：设定始点频率值为 10 kHz。

按〖选项 1〗软键，选中“始点频率”，按【1】【0】〖kHz〗。

终点频率设定：设定终点频率值为 50 kHz。

按〖选项 1〗软键，选中“终点频率”，按【5】【0】〖kHz〗。

步进频率设定：设定步进频率值为 200 Hz。

按〖选项 1〗软键，选中“步进频率”，按【2】【0】【0】〖Hz〗。

扫描方式设定：设定往返扫描方式。

按〖选项 3〗软键，选中“往返扫描”。

间隔时间设定：设定间隔时间为 25 ms。

按〖选项 4〗软键，选中“间隔时间”，按【2】【5】〖ms〗。

手动扫描设定：设定手动扫描方式。

按〖选项 5〗软键，选中“手动扫描”，则连续扫描停止，每按一次〖选项 5〗软键，A 路频率步进一次。如果不选中“手动扫描”，则连续扫描恢复。

扫描频率显示：按〖选项 1〗软键，选中“A 路频率”，频率显示数值随扫描过程同步变化，但是扫描速度会变慢。如果不选中“A 路频率”，频率显示数值不变，扫描速度正常。

4. 幅度扫描

按【扫描】键，选中“A 路扫幅”功能，设定方法与“A 路扫频”功能相类同。

5. 频率调制

按【调制】键，选中“A 路调频”功能。

载波频率设定：设定载波频率值为 100 kHz。

按〖选项 1〗软键，选中“载波频率”，按【1】【0】【0】〖kHz〗。

载波幅度设定：设定载波幅度值为 2 V_{pp}。

按〖选项 2〗软键，选中“载波幅度”，按【2】〖Vpp〗。

调制频率设定：设定调制频率值为 10 kHz。

按〖选项 3〗软键，选中“调制频率”，按【1】【0】〖kHz〗。

调频频偏设定：设定调频频偏值为 5.2%。

按〖选项 4〗软键，选中“调频频偏”，按【5】【·】【2】〖%〗。

调制波形设定：设定调制波形（实际为 B 路波形）为三角波。

按〖选项 5〗软键，选中“调制波形”，按【2】〖No.〗。

6. 幅度调制

按【调制】键，选中“A 路调幅”功能。

载波频率、载波幅度、调制频率和调制波形设定与“A 路调频”功能相同。

调幅深度设定：设定调幅深度值为85%。

按〖选项 4〗软键，选中“调幅深度”，按【8】【5】〖%〗。

7. 猝发输出

按【猝发】键，选中“B 路猝发”功能。

B 路频率、B 路幅度设定与“B 路单频”相同。

猝发计数设定：设定猝发计数为 5 个周期。

按〖选项 3〗软键，选中“猝发计数”，按【5】〖cycl〗。

猝发频率设定：设定脉冲串的重复频率为 50 Hz。

按〖选项 4〗软键，选中“猝发频率”，按【5】【0】〖Hz〗。

单次猝发设定：设定单次猝发方式。

按〖选项 5〗软键，选中“单次猝发”，则连续猝发停止，每按一次〖选项 5〗软键，猝发输出一次。如果不选中“单次猝发”，则连续猝发恢复。

8. 频移键控 FSK

按【键控】键，选中“A 路 FSK”功能。

载波频率设定：设定载波频率值为 15 kHz。

按〖选项 1〗软键，选中“载波频率”，按【1】【5】〖kHz〗。

载波幅度设定：设定载波幅度值为 2 V_{pp}。

按〖选项 2〗软键，选中“载波幅度”，按【2】〖Vpp〗。

跳变频率设定：设定跳变频率值为 2 kHz。

按〖选项 3〗软键，选中“跳变频率”，按【2】〖kHz〗。

间隔时间设定：设定跳变间隔时间为 20 ms。

按〖选项 4〗软键，选中“间隔时间”，按【2】【0】〖ms〗。

9. 幅移键控 ASK

按【键控】键，选中“A 路 ASK”功能。

载波频率、载波幅度和间隔时间设定与“A 路 FSK”功能相类同。

跳变幅度设定：设定跳变幅度值为 0. 5 V_{pp}。

按〖选项 3〗软键，选中“跳变幅度”，按【0】【·】【5】〖Vpp〗。

10. 相移键控 PSK

按【键控】键，选中“A 路 PSK”功能。

载波频率、载波幅度和间隔时间设定与“A 路 FSK”功能相类同。

跳变相位设定：设定跳变相位值为 180°。

按〖选项 3〗软键，选中“跳变相位”，按【1】【8】【0】〖°〗。

11. 初始化状态

开机后仪器初始化工作状态如下：

A 路：波形：正弦波　　频率：1 kHz　　幅度：1 V_{pp}

衰减：AUTO　　偏移：0 V_{dc}　　方波占空比：50%

脉冲宽度：0.3 ms	脉冲波占空比：30%	间隔时间：10 ms
始点频率：500 Hz	终点频率：5 kHz	步进频率：10 Hz
始点幅度：0 V_{pp}	终点幅度：1 V_{pp}	步进幅度：0.01 V_{pp}
扫描方式：正向	载波频率：50 kHz	调制频率：1 kHz
调频频偏：5%	调幅深度：100%	猝发计数：3 cycl
猝发频率：100 Hz	跳变频率：5 kHz	跳变幅度：0 V_{pp}
跳变相位：90°	输出：on	
B 路：波形：正弦波	频率：1 kHz	幅度：1 V_{pp}
A 路谐波：1 times	输出：on	

2.5 直流稳压电源

2.5.1 分类和基本原理

1. 分类

常见的直流稳压电源分为线性直流稳压电源和开关直流稳压电源两类。线性稳压电源结构简单，纹波小。开关稳压电源效率高，成本低。各有不同的应用场合。

2. 串联稳压电源基本原理

串联型线性直流稳压电源，由变压器、整流滤波电路、调整电路、比较放大器、基准电路、取样电路、保护电路和辅助电源等组成。

当交流输入电压变化或负载变化引起输出电压相应变化时，其变化量由取样电路输入到比较放大器反向输入端，与输入到比较放大器同相输入端的基准电压进行比较放大，控制调整电路，使输出电压趋于原来数值，达到稳压目的。

保护电路采用双稳态电路，工作可靠。当外接电路过载或短路，保护电路输出低电平，使调整管截止，停止输出，对负载和稳压电源起到保护作用。图 2.5.1 为这种电源的结构。

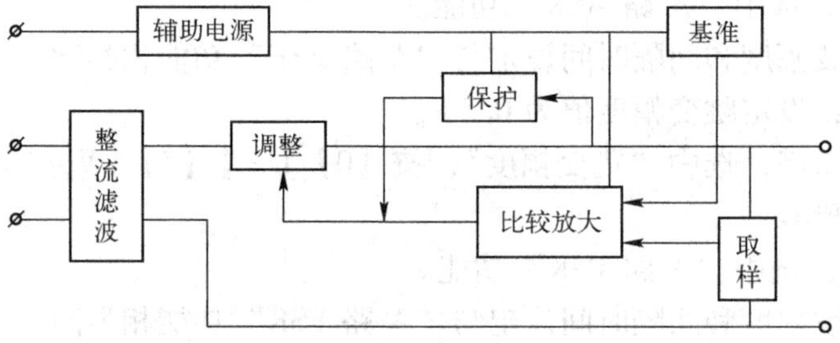

图 2.5.1　串联型直流稳压电源结构示意图

2.5.2 DH1718E－4 型直流稳压电源

1. 概述

DH1718E－4 型双路直流稳压电源具有稳压和稳流两种工作模式，这两种工作模式可随负载的变化而自动转换。两路电源可以分别调整，也可跟踪调整，因此可以构成单极性或双极性电源。该电源具有较强的过电流与输出短路保护功能，当外接负载过重或输出短路时电源会自动地进入稳流工作状态。电源输出电压（电流）值由面板上的数字表直接显示，直观准确。

2. 主要性能指标

输出电压：0 ~ 32 V。

输出电流：0 ~ 3 A。

输入功率：250 VA。

负载效应：稳压 $5\times10^{-4}+2$ mV；稳流 20 mA。

源效应：稳压 $5\times10^{-4}+2$ mV；稳流 $5\times10^{-4}+5$ mA。

周期与随机偏差：稳压 1 mV；稳流 5 mA。

输出调节分辨率：稳压 20 mV；稳流 50 mA。

跟踪误差：$5\times10^{-4}+2$ mV。

瞬态恢复时间：20 mV，50 μs。

数显精度：电压 1% +6 个字；电流 2% +10 个字。

温度范围：工作温度 0 ~ 40℃；储存温度 0 ~ 45℃。

可靠性：>5000 h。

3. 面板各部件的作用与使用方法

DH1718E－4 型双路直流稳压电源的面板如图 2.5.2 所示。各部件的作用如下：

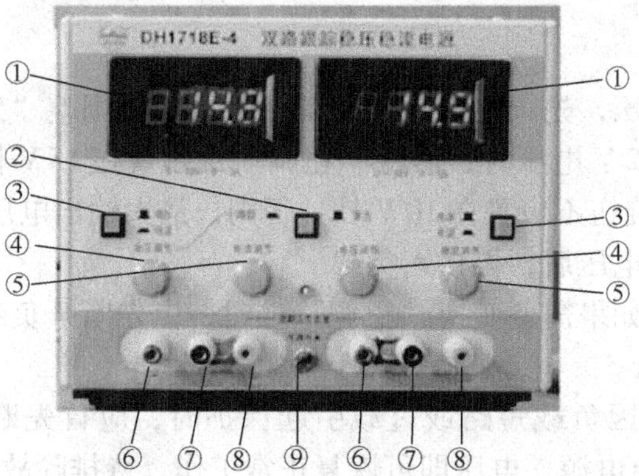

图 2.5.2　DH1718E－4 型双路直流稳压电源的面板图

① 数字显示窗：显示左、右两路电源输出电压/电流的值。

② 电压跟踪按键：此键按下，左右两路电源的输出处于跟踪状态，此时两路的输出电压由左路的电压调节旋钮调节。此键弹出为非跟踪状态，左右两路电源的输出单独调节。

③ 数字显示切换按键：此键按下数字显示窗显示输出电流值，此键弹出显示输出电压值。

④ 输出电压调节旋钮：调节左、右两路电源输出电压的大小。

⑤ 输出电流调节旋钮：调节电源进入稳流状态时的输出电流值，该值便为稳压工作模

式的最大输出电流（达到该值电源自动进入稳流状态），所以在电源处于稳压状态时，输出电流不可调得过小，否则电源进入稳流状态，不能提供足够的电流。

⑥ 左、右两路电源输出的正极接线柱。

⑦ 左、右两路电源接地接线柱。此接线柱与电源的机壳相连，并未与电源的正极或负极连接。可通过接地短路片将其与电源的正极或负极相连接。

⑧ 左、右两路电源输出的负极接线柱。

⑨ 电源开关：交流输入电源开关。

使用 DH1718E－4 型直流稳压电源时应注意以下几个问题：

1）输出电压的调节最好在负载开路时进行，输出电流的调节最好在负载短路时进行。

2）如上所述，使用输出电流调节旋钮设置电源进入稳流状态的输出电流值，该值便为稳压工作模式的最大输出电流，也是稳压、稳流两种工作状态自动转换的电流阈值。因此，当电源作为稳压电源工作时，如果上述电流阈值不够大，减小负载电阻使输出电流增加到阈值后就不会再增加，电源失去稳压作用，可能会出现输出电压下降的现象。此时应调节电流设置旋钮加大输出电流的阈值，以能带动较重的负载。同样，在作为稳流电源工作时，其电压阈值也应适当调得大一些。

3）电压跟踪调节只能在左路电源输出正电压（电源输出的负极与地短接），右路电源输出负电压（电源输出的正极与地短接）的情况下才有效，因此，欲使电源工作处于跟踪状态，应先检查电源的接地短路片的位置是否合适。

2.5.3 注意事项

1）根据所需要的电压，先调整“粗调”旋钮，再逐渐调整“细调”旋钮，要做到正确配合。例如，需要输出 12 V 电压时，需将“粗调”旋钮置在 15 V 档，再调整“细调”旋钮调置 12 V，而“粗调”旋钮不应置在 10 V 档。否则，最大输出电压达不到 12 V。

2）调整到所需要的电压后，再接入负载。

3）在使用过程中，如果需要变换“粗调”档时，应先断开负载，待输出电压调到所需要的值后，再将负载接入。

4）在使用过程中，因负载短路或过载引起保护时，应首先断开负载，然后按动“复原”按钮，也可重新开启电源，电压即可恢复正常工作，待排除故障后再接入负载。

5）将额定电流不等的各路电源串联使用时，输出电流为其中额定值最小一路的额定值。

6）每一路电源有一个表头，在 A/V 不同状态时，分别指示本路的输出电流或者输出电压。通常处于电压指示状态。

7）每一路都有红、黑两个输出端子，红端子表示“＋”，黑端子表示“－”，面板中间带有接“大地”符号的黑端子，表示该端子接机壳，与每一路输出没有电气联系，仅作为安全线使用。

8）两路电压可以串联使用，绝对不允许并联使用。电源是一种供给量仪器，因此不允许将输出端长期短路。

2.5.4 常用连接方法

常用连接方法分别如图 2.5.3 ~ 图 2.5.5 所示。

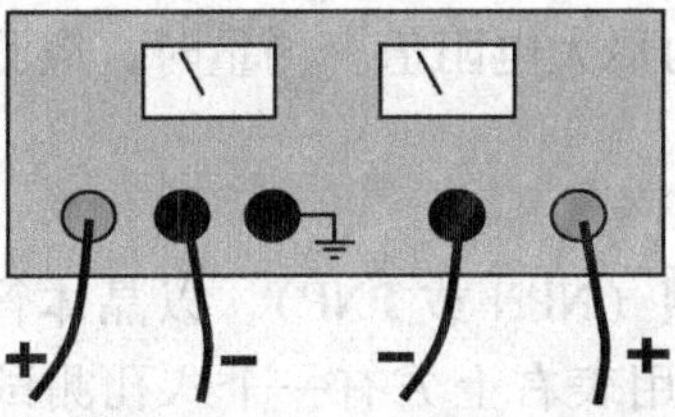

图 2.5.3　单路或者两路独立输出的连接方法

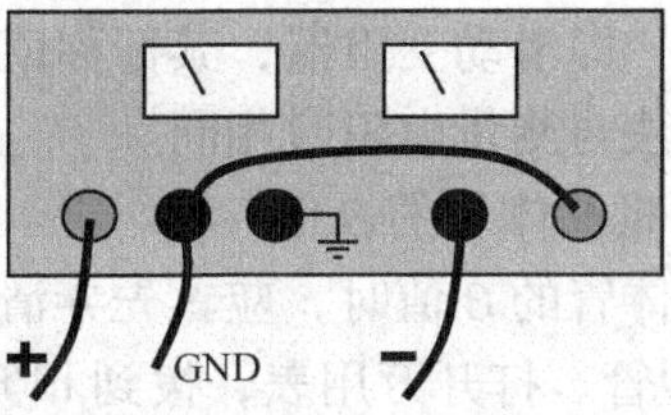

图 2.5.4　共地的正负电源连接方法，比如输出 ±12 V

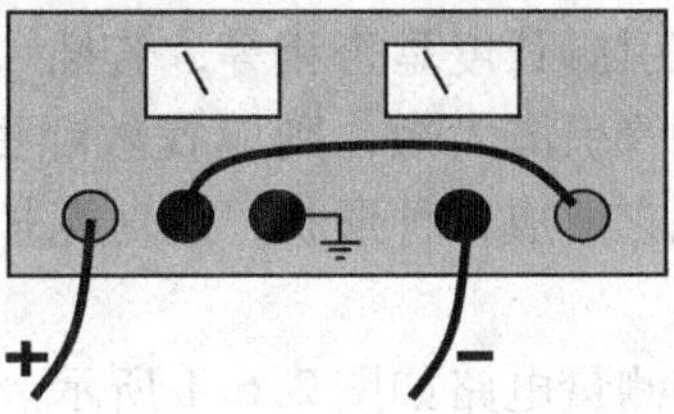

图 2.5.5　单路高电压输出的连接方法，比如输出 +40 V

2.6 使用实验室仪器完成实验

实验室仪器介绍完后，如何用这些仪器来完成模电实验呢？这个看似简单的问题，却有许多容易出错的地方。本节将介绍如何使用实验室仪器来完成实验。

2.6.1 实验室各仪器的用途

1. 万用表

万用表又称为复用表、多用表、三用表、繁用表等，是电类不可缺少的测量仪表。它有很多的用途，如测量直流电流、直流电压、交流电流、交流电压、电阻和音频电平等，有的还可以测电容量、电感量及半导体的一些参数（如 β）等。

现阶段，主要学习用万用表测量直流电压值、电阻值、电位器的标称值、晶体管的 β 值以及二极管的极性。下面逐一进行说明。

（1）测量直流电压

打开万用表，测量前应对被测电压大概的值有所了解，如不清楚，应拨到直流电压最大档位，然后逐一降低，到表盘上包含被测电压大小的最小档位为止。比如被测电压约 12 V，应使用 20 V 档位；被测电压约 2 V，也应使用 20 V 档位；而当被测电压约 1.8 V 时，应使用 2 V 档位。

读数时，显示屏的数字直接读出，其单位与当前档位单位相同。比如显示屏上读出 1.26，档位是 2 V，则电压值为 1.26 V。若档位是 200 mV，则电压值为 1.26 mV。

若显示屏上显示“1”，代表超量程，应增大档位。

（2）测量电阻值

使用Ω档测量电阻值，其注意事项与测量电压方法相同，不再赘述。

（3）测量电位器的标称值

电位器，即滑动变阻器，其标称值指其能滑动的最大电阻值。测量时，应测其两端的引脚，测量方法与测量电阻时相同。

（4）测量晶体管的β值

测量晶体管的β值时，应首先弄清楚晶体管类型（NPN或PNP）。以晶体管9013为例，它是NPN型管。打开万用表，拨到hFE档，观察万用表右上方有一个八孔测试插座。找到NPN的一边，将晶体管的e、b、c三个极从上向下插到对应插孔里，读取示数即可。

测量β值时，由于万用表的测量误差，通常需在测量结果基础上加30，作为其实际值。若要更精确地测量β值，应使用晶体管图示仪（见附录C）。

测量前，应观察晶体管三条引脚长度是否相等，若插入插孔后不见读数，应用大拇指从上方轻压，再逐渐加力。若晶体管引脚太短，则应找教师更换晶体管。这里需要提醒的是，不要剪晶体管的引脚，也不要把它掰成各种形状，这对保护晶体管是十分重要的。

（5）测量二极管的极性

万用表在测量二极管时，其测量电路如图2.6.1所示。

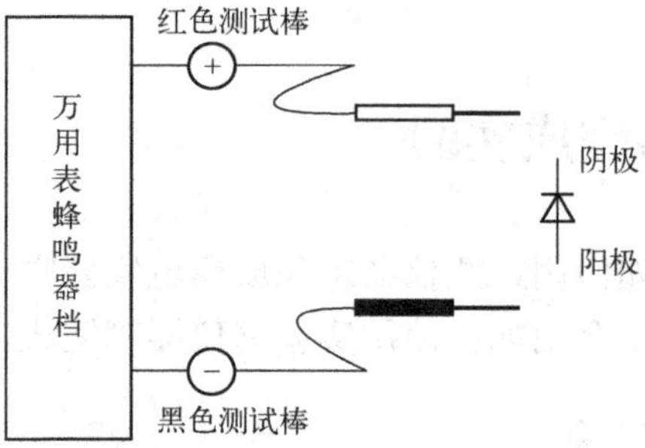

图2.6.1　蜂鸣器档测量二极管极性电路

将万用表调到蜂鸣器档，此时表笔测量端空置，万用表显示“1”，代表超量程。

当被测二极管完好时，用万用表红色表笔接触二极管阳极，同时用黑色表笔接触其阴极，万用表上会出现一个读数。若为7＊＊则代表二极管是一个硅管，若为3＊＊代表其是一个锗管。反过来测，用万用表的红色表笔接触二极管阴极，同时用黑色表笔接触其阳极，万用表上无变化（仍然显示“1”）。以上情况说明二极管未损坏。

那么，如果二极管损坏了，会有怎样的测量结果呢？一般有两种：

用万用表红色表笔接触二极管阳极，同时用黑色表笔接触其阴极，万用表显示“1”，反过来也一样。此种情况说明二极管已经损坏，并且被烧成了开路。

用万用表红色表笔接触二极管阳极，同时用黑色表笔接触其阴极，万用表蜂鸣，反过来也一样。此种情况说明也二极管已经损坏，并且造成了短路。

这里需要说明的是，万用表蜂鸣，代表红、黑表笔之间测得的电阻小于70 Ω。蜂鸣器档常被用来测量短路。

当测到正确的实验结果后，记住关掉万用表电源。

关万用表的原则是：只要测量出自己想要的结果，立即关掉。

2. 函数发生器

函数发生器用来产生交流信号，作为实验过程的交流信号源。模电实验室使用的TFG6000型dds函数发生器，其输出电阻是50 Ω，由于模电实验中实验电路的输入电阻往往大于1 kΩ，常常将这50 Ω忽略不计。

模电实验使用函数发生器的CHA通道产生正弦波，并在实验过程中改变正弦波的幅值和频率。如何改变这些值，尤其是如何连续不断地改变信号发生的频率，需要学生熟练掌握。

3. 直流稳压电源

函数发生器用于产生交流信号，而直流稳压电源用于提供直流电源。看似都是电的源，但两者有着本质区别。前者用电表征信息，而后者用电（向面包板上的元器件）提供能量。用手机比喻就是，函数发生器提供的是无线电波表征的有用信息，比如声音、文字及图片等，而直流稳压电源相当于手机电池，没了它就开不了机，无法进行信息交流。

实验室使用的DH1718E－4型稳压电源具有两个独立通道。其正、负极接线柱只代表相对电压，并没有接地。也就是说，这两者是“浮空”的，若想让它代表一个确定的电压，只要将其中一个接地即可。

4. 交流毫伏表

毫伏表是一种精密的交流电压表，主要用于测量毫伏级以下的毫伏、微伏交流电压。但遗憾的是，它的使用范围非常狭窄，只能用于测量正弦信号。实验过程中往往用它“精测”正弦波的有效值或峰－峰值。由于这个原因，它始终需要和示波器一起使用。如果示波器上显示被测信号已经失真（不是标准的正弦波），那么测量结果就毫无意义了。

5. 示波器

示波器是显示被测电压信号波形的仪器，是测量领域最为常见的仪器。使用示波器的最大好处是，它可以直观地看到被测电压信号的波形形态。比如用万用表测直流电压，或用毫伏表测交流信号时，有时会观察到测量结果不停跳动，这种情况下就很难说清楚是怎么回事。那么使用示波器测量一下波形，情况就一目了然了。

示波器以时间为维度，表征被测点电压（或电流）随时间变化的情况。它既可以测量交流信号，也可以测量直流信号（测量结果会是一条水平线），并可以清晰地表征出每一时刻信号的变化。对于电子工程师来说，示波器比医生的听诊器还重要。学会并正确、熟练地使用示波器，是电子技术基础实验的一个主要要求。

2.6.2 各仪器配合使用

图2.6.2示意了反相比例器电路中各仪器的连接方法。由图可见，若想让此电路工作，首先要给它提供能量（连接稳压电源）。在此基础上，接入信号发生器，提供交流信号。然后在输出端连接示波器测量输出信号波形，并且在输入及输出端连接交流毫伏表，这样就构成了一个完整的体系。

在图2.6.2中，需要说明的是：

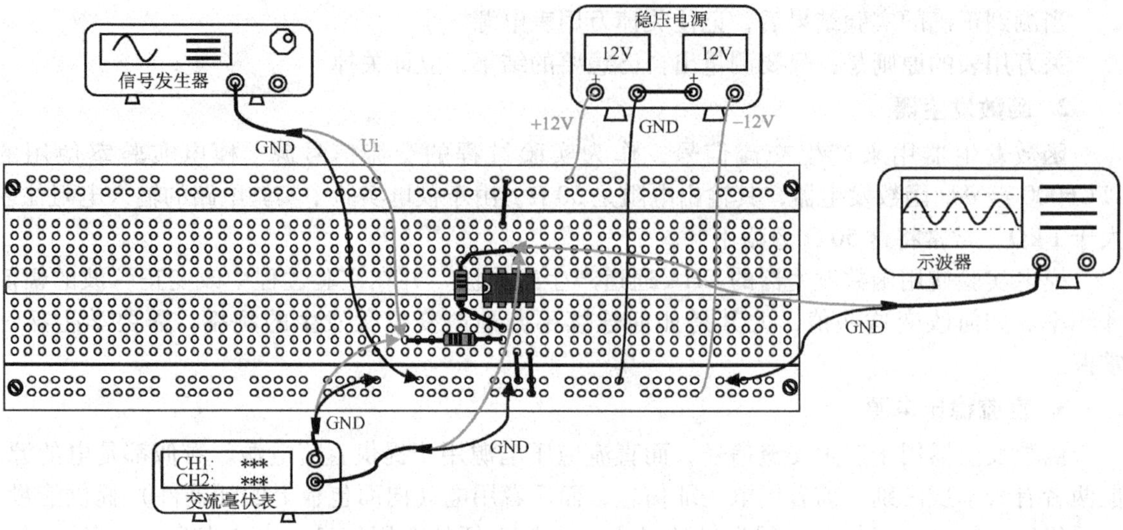

图 2.6.2 各仪器在面包板上配合使用示意图

1）稳压电源两路通道本是相互独立的，通过将通道 1 的负端与通道 2 的正端短接，将这两点连接成等电位，然后接入面板的接地端。这样通道 1 的正端输出 12 V，通道 1 的负端和通道 2 的正端均输出 0 V，通道 2 的负端输出 -12 V 电压。

2）信号发生器、示波器及交流毫伏表均有两个独立的通道，每个通道又有正负两根线。对于它们来说，黑色的线均为接地线，应在面包板上插入接地端，而另一根线（红线或表笔）用于输出信号或测量信号，应连接到相应位置。红线与黑线不能接反。

3）毫伏表使用时，尤其在测量输出信号时，必须连接示波器，在示波器上显示波形不失真的前提下读数，否则读数毫无意义。

2.7 元器件

本节首先介绍常用的 E 系列标称方法，然后介绍电阻、电容器、电感器、二极管的分类、性能和识别方法，以及简单的实用电路。

2.7.1 E 系列标称方法

厂家生产的电阻器，并不是包含任何阻值，而只有 1、2、5 三种规格。

电阻器、电容器标称值系列通常采用 E 系列。E 系列是一种由几何级数构成的数列。源自 Electricity 的第一个字母，它是以 $\sqrt[6]{10}=1.5$、$\sqrt[12]{10}=1.2$、$\sqrt[24]{10}=1.1$ 为公比的几何级数，分别称为 E6 系列、E12 系列和 E24 系列。E6 系列适用于允差 ±20% 的电阻、电容器数值，E12 系列适用于允差 ±10% 的电阻、电容器数值，E24 系列适用于允差 ±5% 的电阻和电容器数值。

图 2.7.1 给出了 E 系列标称值选取的示意图。可以看出，E24 系列是在大于等于 1、小于 10 的范围内，按照几何级数，确定了 24 个值。E12 系列则是在相同的范围内，确定了 12 个值。E6 系列则是在相同的范围内，确定了 6 个值。这种选取方法，一方面保证了厂家在

生产时，仅需要提供有限的种类，另一方面，也可以满足绝大多数用户的需求。比如，E24 系列中，电阻值允差为 ±5%，则 4.7 和 5.1 之间（见图 2.7.1）不存在空白区域，也就是说，尽管仅提供 4.7 Ω、5.1 Ω，47 Ω、51 Ω，470 Ω、510 Ω 等阻值，用户仍然可以通过电阻筛选，选择出自己需要的阻值。

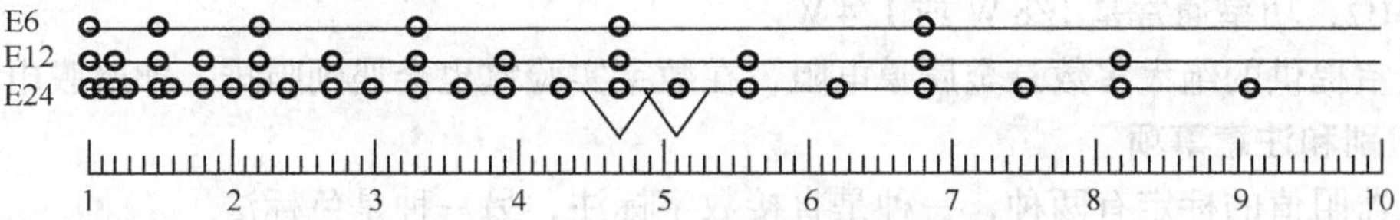

图 2.7.1　E 系列标称值选取示意图

表 2.7.1 给出了 E 系列标称值。

表 2.7.1　E 系列标称值

	1	2	3	4	5	6	7	8	9	10	11	12	13	14	15	16	17	18	19	20	21	22	23	24
E3	1								2.2								4.7							
E6	1				1.5				2.2				3.3				4.7				6.8			
E24	1.0	1.1	1.2	1.3	1.5	1.6	1.8	2.0	2.2	2.4	2.7	3.0	3.3	3.6	3.9	4.3	4.7	5.1	5.6	6.2	6.8	7.5	8.2	9.1
	1.00	1.10	1.21	1.30	1.50	1.62	1.82	2.00	2.21	2.43	2.74	3.01	3.32	3.65	3.92	4.32	4.75	5.11	5.62	6.34	6.81	7.50	8.25	9.31
	1.02	1.13	1.24	1.33	1.54	1.65	1.87	2.05	2.26	2.49	2.80	3.09	3.40	3.74	4.02	4.42	4.87	5.23	5.76	6.49	6.98	7.68	8.45	9.53
	1.05	1.15	1.27	1.37	1.58	1.69	1.91	2.10	2.32	2.55	2.87	3.16	3.48	3.83	4.12	4.53	4.99	5.36	5.90	6.65	7.15	7.87	8.66	9.76
E96	1.07	1.18		1.40		1.74	1.98	2.15	2.37	2.61	2.94	3.24	3.57		4.22	4.64		5.49	6.04		7.32	8.06	8.87	
				1.43		1.78				2.67									6.19				9.09	
				1.47																				
	4	8	11	17	20	25	29	33	37	42	46	50	54	57	61	65	68	72	77	80	84	88	93	96

目前，电阻器一般采用 E96 系列，电容器则采用 E24 系列或者 E12 系列。有些电位器也采用 E 系列，但是，目前见到的电位器，多数采用 1、2、5 系列，也就是说，其标称值分别是 1 kΩ、2 kΩ、5 kΩ，10 kΩ、20 kΩ、50 kΩ，100 kΩ、200 kΩ、500 kΩ 等。

2.7.2　电阻器

1. 常用电阻器分类

1）碳膜电阻器：阻值稳定性高，受电压和频率影响小，具有负的电阻温度系数，但是其特性不如金属膜电阻器，现在使用不多。

2）金属膜电阻器：工作环境温度范围宽，体积和工作噪声都比较小，阻值精度较高，使用较广泛，但是其脉冲负载能力差。

3）金属氧化膜电阻器：除具有金属膜电阻器的优点外，还有耐高温、低阻性能好优点，但是氧化膜在直流负载下容易发生电解使氧化物还原，性能不太稳定。

4）薄膜镍铬精密电阻器：阻值精度高，温度系数小，稳定性高，适于要求较高的场合，价钱较贵。

5）线绕电阻器：阻值精度高、耐热抗氧化，功率可达 100 W 以上（其他电阻器功率通常为 5 W 以下），主要用于精密和大功率场合，但是其高频性能较差。

6）热敏电阻器：负温度系数的热敏电阻器主要用在收音机和电视机等电路中做温度补偿用，也可用在温度控制或温度测量电路中。

7）厚膜电阻网络：它是以高铝瓷做基体，采用高稳定性、高可靠性的锡系玻璃釉电阻材料，在高温下烧结制成。常用的是边侧并联单列直插式电阻网络，俗称阻排，阻值范围是10 Ω ~ 1 MΩ，功率通常是1/8 W或1/4 W。

实验室提供的绝大多数是金属膜电阻，在数字实验室也会遇到阻排，即厚膜电阻网络。

2. 识别和注意事项

电阻器阻值的标定有两种，一种是直接数字标注，另一种是色标法。

所谓直接标注，就是将电阻器阻值直接印刷在电阻器上。它的优点是容易识别，但是，其缺点也是明显的：第一，当表面出现局部磨损时，有可能造成无法读数；第二，仅能在一面观察读数，当焊接时误将读数面焊接到下面，则只有拆下来，才能读数。为了克服这些缺点，近年来，电阻生产者大量使用的是色环标注法，简称色标法。

所谓色标法，就是在电阻上印刷4条或者5条具有不同颜色的环线，并用这些不同的颜色组合，标注该电阻的阻值。这种方法标注的电阻器，表面上少量的磨损，并不影响数值读取，并且因为是环线标注，无论怎样焊接，都可以方便地读取。其缺点是，必须学会并记住读取的色环表。

4色环：前2条环表示2位有效数字，各有10种颜色，表示0 ~ 9。第3条环表示倍率，有8种颜色，表示倍率为$10^0 \sim 10^7$。电阻值为前面的有效值乘以当前的倍率。最后1条表示电阻器的允许偏差级别，分别用7种颜色表示允差为0.1% ~ 10%。

5色环：前3条表示3位有效数字，其余与4色环相同。

例如，某4色环标定的电阻器，4条色环分别是棕、黑、黄和金，其对应阻值为：1(棕)0(黑) × 10^4(黄) = 100 kΩ，误差为 ±5%（金）。某5色环标定的电阻器，5条色环分别是橙、黑、黑、棕和棕，其对应阻值为：3(橙)0(黑)0(黑) × 10(棕) = 3.00 kΩ，误差为 ±1%（棕）。注：有些电阻器的色标很难区分起始位和最后一位，此时最好结合万用表读取电阻器的阻值。现在互联网上可以查到一个程序专门用来计算色环电阻器阻值的大小，使用起来非常方便。

注意事项：电阻器的实际功率不要超过电阻器的额定功率，否则电阻器容易发热甚至烧坏引发事故。

图2.7.2给出了两种电阻器色环的标注。内嵌的是色环表。

3. 电位器

电位器是在一个电阻器内部，增加一个滑动抽头形成的。有两个固定端和一个滑动端，其结构如图2.7.3a所示。图2.7.3b和图2.7.3c是两种常见电位器的外形。电位器除具有固定电阻器的性能指标外还有自身特点。

电位器的旋转角度与输出电阻的规律有直线式、指数式和对数式三种，如图2.7.4所示。直线式电位器的旋转角度与输出电阻呈线性关系（见图2.7.4的A线），在限流、分压、定时、阻抗匹配等场合应用较多。指数式电位器的旋转角度与输出电阻呈指数关系（见图2.7.4的B线），先细调后粗调，如音量调节电位器。对数式电位器的旋转角度与输出电阻呈对数关系，与指数式电位器相反（见图2.7.4的C线），先粗调后细调，如对比度调节电位器。

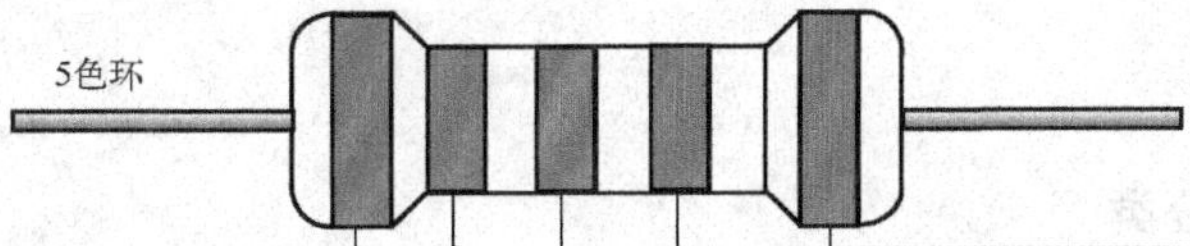

颜色	第 1 位数字	第 2 位数字	第 3 位数字	倍率	阻值允许偏差
黑	0	0	0	10^0	
综	1	1	1	10^1	±1%
红	2	2	2	10^2	±2%
橙	3	3	3	10^3	
黄	4	4	4	10^4	
绿	5	5	5	10^5	±0.5%
蓝	6	6	6	10^6	±0.25%
紫	7	7	7	10^7	±0.10%
灰	8	8	8		
白	9	9	9		
金				0.1	±5%
银				0.01	±10%

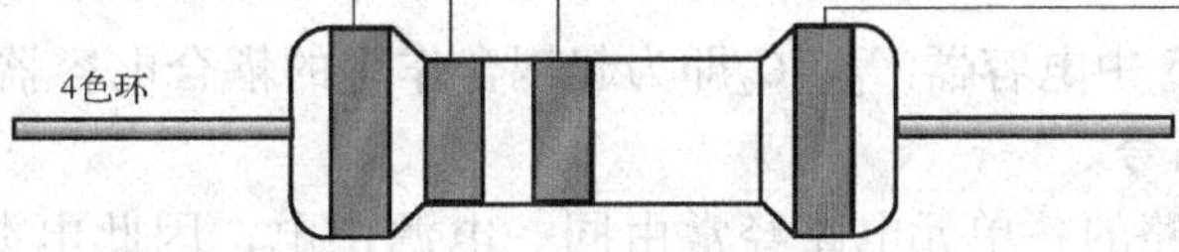

图 2.7.2　电阻的色环标注法示意图

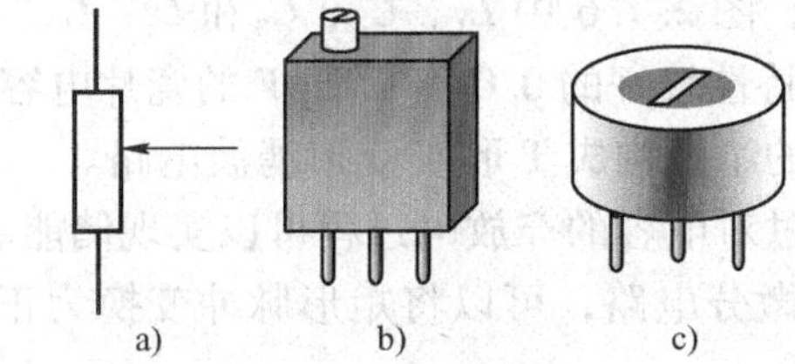

图 2.7.3　电位器结构及两种常见的电位器外形

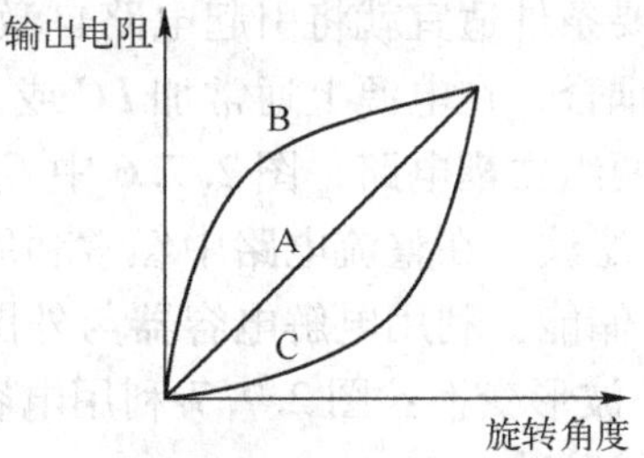

图 2.7.4　电位器电阻值变化规律

电位器的机械旋转角度有单圈和多圈两种。多圈电位器调整精确，但是价格较为昂贵。

电位器的机械耐久性一般为 200 周以下，也就是说，一个新的电位器，旋转调整 200 次后，它的寿命就结束了。频繁地调整电位器，会加速其损坏。

常用的电位器有多圈线绕电位器和玻璃釉电位器两种。

多圈线绕电位器具有线绕电阻器的特点，能进行精密调整，但是高频性能差。它的标称一般以三个数字表示，前两位代表有效数字，第三位代表 0 的个数，单位是 Ω，例如，标称为 103 的电位器，其最大阻值为 10000 Ω。玻璃釉电位器具有良好的耐热性和耐磨性，可靠性和耐潮性较高，但是接触电阻较大，因此在小阻值场合不宜选用，其标称一般是直接印刷在电位器外壳上。

2.7.3 电容器

1. 常用电容器的分类

常用电容器的分类见表 2.7.2。

表 2.7.2 常用电容器的分类

名称		介质	特点	用途	缺点
瓷介电容器		高频无线电陶瓷	性能优良，电容量稳定性高	高频电路	容量小
独石电容器		高介电常数的陶瓷	小体积大容量	耦合、旁路、滤波电路	电气性能一般
云母电容器		云母	绝缘性高，温度、频率特性稳定	交流和脉冲电路	抗潮性能差
电解电容器	铝电容器	以铝箔或铝层为阴、阳极，铝的金属氧化物为介质	小体积大容量 1 μF ~ 10 kμF	去耦、耦合、电源滤波电路	容量易损耗，高频性能差，容量偏差较大
	钽电容器	以钽箔为阴、阳极，钽的金属氧化物为介质	体积小，温度范围宽，频率特性好，稳定性高	替补铝电容器性能参数难以满足要求的电路	价格较高

2. 电容器的主要用途

1）旁路：图 2.7.5 为典型的共射极晶体管放大电路，其中电容 C_3起旁路作用。

2）耦合：图 2.7.5 中电容器 C_1、C_2即为起耦合作用的耦合电容器，对交流信号形成通路，同时又隔离直流信号。

3）去耦：电子电路的各单元电路经常由同一电源供电，因此电源成为各单元电路交、直流成分的公共通道，电源通道的内阻上由各单元电路的电流产生的电压将反馈到各单元电路，只要条件适宜就将引起电路自激，多级放大电路尤容易自激。为消除由公用电源所引起的寄生耦合，在电源上通常加 LC 或 RC 滤波去耦，图 2.7.6 中 L_1、C_4、C_3和 L_2、C_6、C_5分别构成两组去耦电路，图 2.7.6 中 C_4和 C_6为高频特性较好的 0.01 ~ 0.1 μF 的瓷片电容。

4）滤波：在整流电路中经常利用电感和电容的组合构成 T 形或 π 形滤波电路。

5）储能：利用电解电容器与外围电路组合通过对电容的充放电过程可以实现储能。

6）波形变换：图 2.7.7 利用电容和电阻构成微分电路，可以将矩形脉冲变换为正负相间的尖峰脉冲。

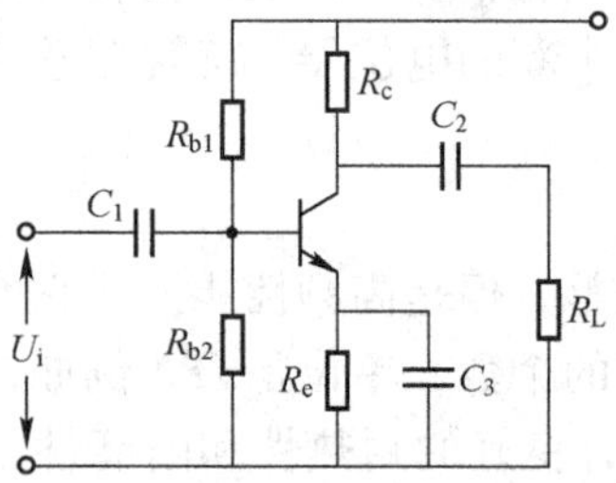

图 2.7.5 典型的共射极晶体管放大电路

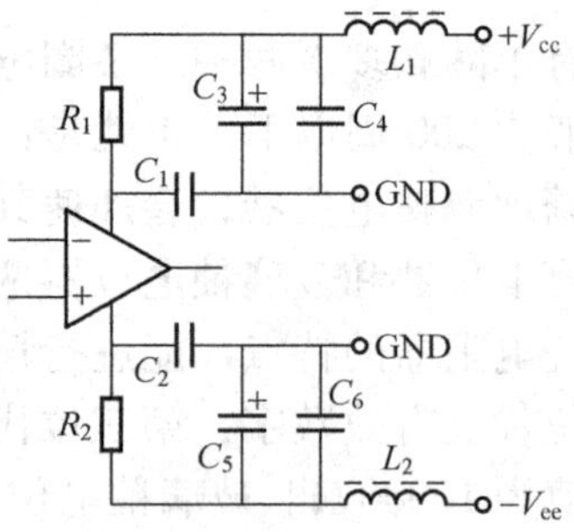

图 2.7.6 去耦电路

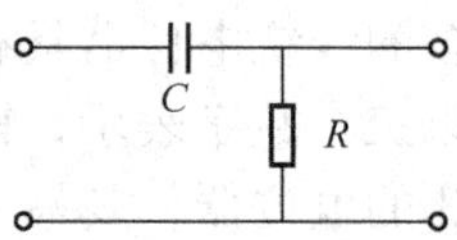

图 2.7.7 电容和电阻构成的微分电路

此外，利用电容器还可构成直流成分恢复器、有缘滤波器、*LC* 振荡器、*RC* 定时器和 *RC* 移相器等一系列电路。

3. 电容器的参数识别和使用注意

电容器的标称方法有：

1）将电容器的值直接标注在电容器上，例如，30 pF、2. 2 μF/16 V。

2）采用三个数字表示电容器的容量，前两个数字表示有效值，后一个数字表示有效数字后面 0 的个数，单位是 pF，遇有小数用 R 代表小数点。如 104 = 100000 pF（10 后面加 4 个 0），6R3 = 6. 3 pF。

3）采用两个数字中间加“n”表示电容器的容量，“n”表示“nF”相当于 1000 pF，例如，2n2 = 2200 pF。

4）用有效数字表示电容器的容量，单位为 μF，例如，0. 0022 μF = 2200 pF = 2n2 = 222 PF。

选用电解电容器时应注意：

1）电解电容器的标称由耐压值和容量两部分构成，直接标注在电容器上。

2）电解电容器的标称耐压值选择原则为：选择标称耐压值中，大于该电容可能承受的最大电压的 2 倍的最小值。一般标称耐压值为 16 V、25 V、50 V 等。比如在一个电路中，某个电解电容可能承受的最大电压为 12 V，则应选择大于 24 V 的标称耐压值中的最小值，为 25 V。过分提高耐压值，一方面会增加成本（耐压值越高的电容越贵），另一方面，也会造成电容实际容值小于标称值。

3）电容器的工作电压不能长时间高于它的耐压值，否则电容器会发烫甚至爆裂。

4）电解电容器有极性，应保证电解电容在长期工作中，正极电压高于负极电压。长期的反压，将会造成电解液起泡，并集聚压力而爆炸。

5）区分电解电容器引脚极性的方法有三种：

① 电解电容器上“ - ”对应的引脚为负极，另一个引脚为正极。

② 对于一个新的、未做过任何操作的电容器，长引脚为正极，短引脚为负极。

③ 使用万用表识别其正、负极。即用电阻 1 kΩ 档位，将红、黑表笔分别接触被测电解电容器的两引脚，每次测时先把电容器放电。两次测量中电阻值大的那次黑笔接的那一极是正极。

2. 7. 4　电感器

1. 电感器的分类和使用场合

电感器分为空心和磁心两大类，磁心电感器又分为卧式和立式两种。空心电感器没有磁心，也就没有磁滞和涡流损耗，品质因数 *Q* 高，分布电容小，在高频和甚高频电路中应用较多，可惜没有成品可购，需要自己绕制。磁心电感器体积小，结构牢固，可用于滤波、振荡、延迟和陷波等电路中，标称符合 E 系列。

电感器主要应用于低通滤波、高通滤波、谐振电路、阻抗匹配、延迟线、陷波电路和高频补偿等电路中，详见表 2. 7. 3。

2. 电感器的参数识别和注意事项

标称电感量和偏差可直接标注在电感器上，也可以用色环的形式表示，规定与色环电阻类似，单位是 μH。电感器标称值大多采用 E 系列，由 0.1 μH 到 22000 μH。

表 2.7.3　电感器的主要应用

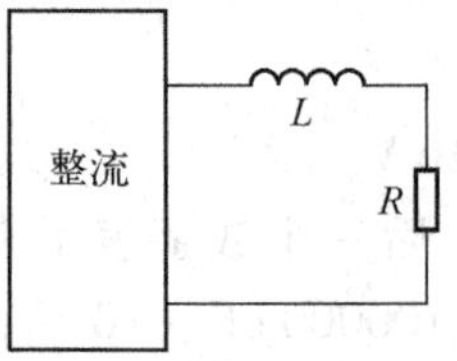 低通滤波	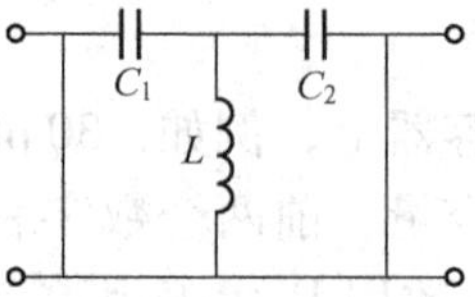 T型高通滤波	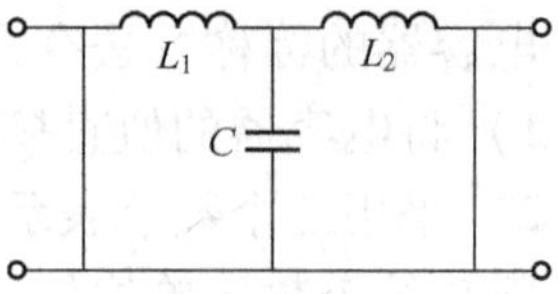 π型高通滤波
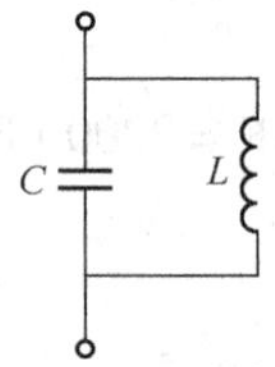 LC并联谐振	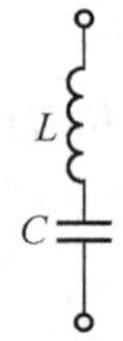 LC串联谐振	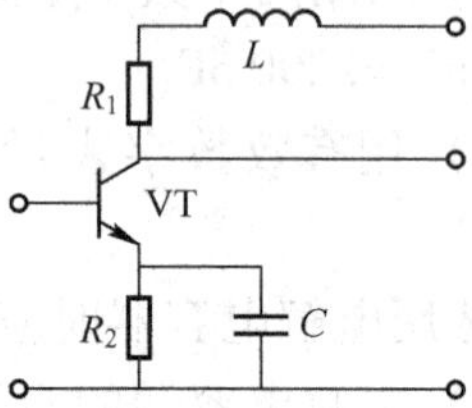 高频补偿
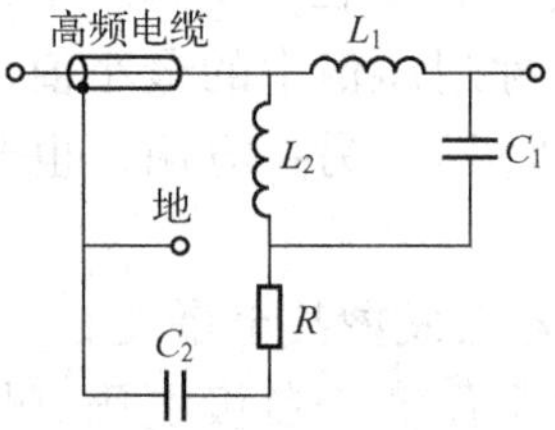 阻抗匹配	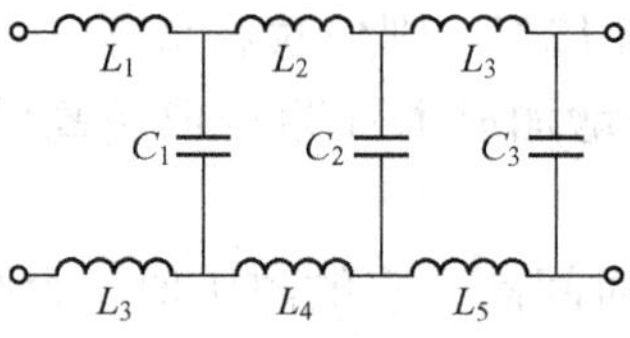 *LC*延迟线	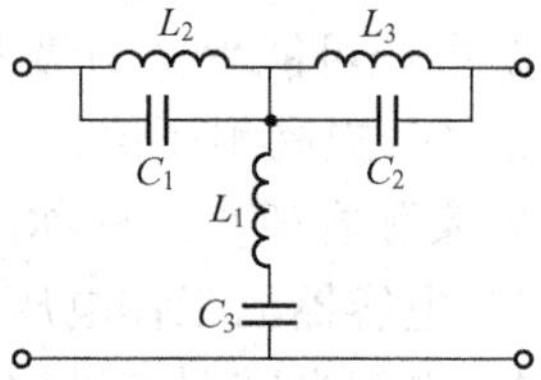 *LC*串、并联陷波

选用电感器时除了要注意电感量、品质因数（$Q=\omega L/R$）和电流等级外，还要注意其直流电阻值，特别是在电源电路中用 *LC* 构成滤波或去耦电路中，直流电阻会产生压降，影响实际供电电压 。

2.7.5　二极管

1. 二极管分类和使用场合

1）硅整流二极管：硅整流二极管的主要型号有 IN4001 ~ IN4007、IN5391 ~ IN5399、IN5100 ~ IN5406，它主要被用于电源电路上做整流器件，还可以灵活地构成限幅、钳位、抑制反向电动势、双电源实现数据保护等电路。典型应用如图 2.7.8 所示。

2）硅整流桥：硅整流桥的主要型号有 3N246 ~ 3N245，分为单相半桥、单相全桥和三相全桥。其中单相全桥主要用在小功率整流电路中；三相全桥在电力整流和逆变器等大功率设备中使用；硅整流桥也可以用硅整流二极管搭接而成。

3）检波二极管：电流小，结电容小，主要用在小信号、高频率的电路中。

4）肖特基二极管：反向恢复时间极短，可达几纳秒，压降可达 0.4 V，主要在开关稳压电源和逆变器中做续流二极管用，主要型号有 IN5817 ~ IN5825 等。

5）快恢复二极管：正向压降较低，反应时间较快（0.2 ~ 0.75 μs），比肖特基二极管耐压高得多，在逆变电源中做整流器件。主要型号有 IN4933 ~ IN4937。

6）变容二极管：是一种电容随外加偏压改变有较大非线性变化的二极管，通常工作于反向偏置状态，在调频电路中有较大应用。

7）发光二极管：是一种主动发光器件，简称 LED，和普通二极管类似，也具有单向导电性，发光响应速度可快到几十纳秒，颜色和外形种类很多。现在还有一种复合发光二极管，一只二极管在不同的控制条件下发出不同颜色的光。发光二极管多用于电子电路中做信号和状态的显示，也可作为光传感器的光源。

8）红外发光二极管：和发光二极管类似，只不过它发出是肉眼不能直接看到的红外光，在电子产品中常用作红外光源，还经常用于光通信等领域。

9）稳压二极管：属于硅管，在反向击穿区具有极陡的击穿曲线，在很大的电流变化范围内，只有极小的电压变化。一般用于电路中的基准电压。

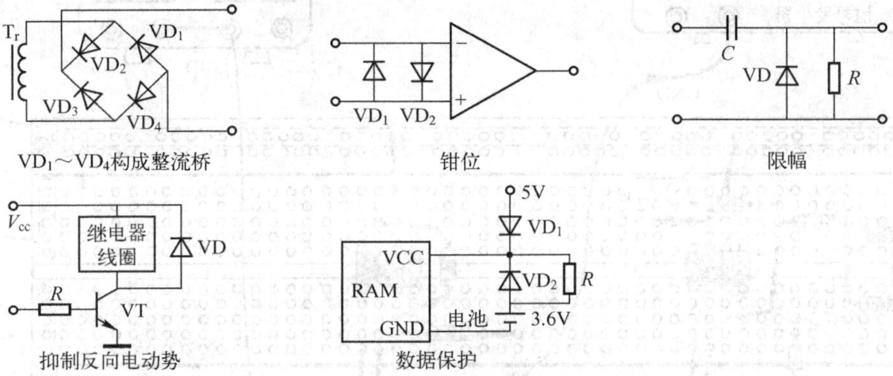

图 2.7.8　硅整流二极管典型应用

2. 二极管的参数识别和使用注意

二极管的型号直接标注在它的上面，选用二极管时要考虑二极管的功率和反向耐压值，使用时注意二极管的正、负极，有环状标志的一端为正极，加正电压，另一端为负极，加负电压。对于发光二极管，引脚较长的为正极，加正电压，否则不发光。

对于识别标志模糊的二极管，可以借助万用表来判断正、负极，具体做法是：首先确定万用表的哪一只表笔和内部电池的正极相连（比如是黑色的表笔和内部电池正极相连），用万用表测一次二极管电阻后，反接二极管，再测一次它的电阻，找出阻值较小的一次，此时黑表笔接触的那端即为二极管的正极。

二极管一般只在表面上标注型号，因此，它的参数需要从厂家资料或者书籍上查找。

2.8　在面包板上搭接实验电路

2.8.1　面包板简介

面包板的结构如图 2.8.1 所示。图 2.8.1 中面包板由三部分组成：上电源区、元器件区和下电源区。这三部分由一块铝板固定结合在一起（注意，铝板仅仅是为了提高机械强度，并非用于导电）。

大部分厂家的元器件区都一样，由若干个5孔“孤岛”组成，孤岛在内部是一个铜条，保证5个孔之间是相通的。每个孔内是一个有弹性的铜片，当元器件的引脚插入孔内，就和孤岛有了电连接。注意，频繁插拔或者将较粗的引脚硬插入孔内，可能造成铜片失去弹性，此时，即便元器件引脚插入孔内，也可能没有与孤岛连接，这就造成了开路故障。

电源区的布局，有可能随不同的产品而不同，图2.8.1中所示的是一种类型，将10个5孔孤岛划分成一个整体，内部相互连接。这种布局，相当于上下电源区共由4个50孔孤岛组成。还有一种是将10个孤岛划分成3、4、3，相当于上下电源区共由4个20孔孤岛、8个15孔孤岛组成。很多人不注意，就会按以前的习惯使用，可能就会出问题。因此，对待一个没有使用过的面包板，在电源区使用前，一般都应先用万用表测量一下。

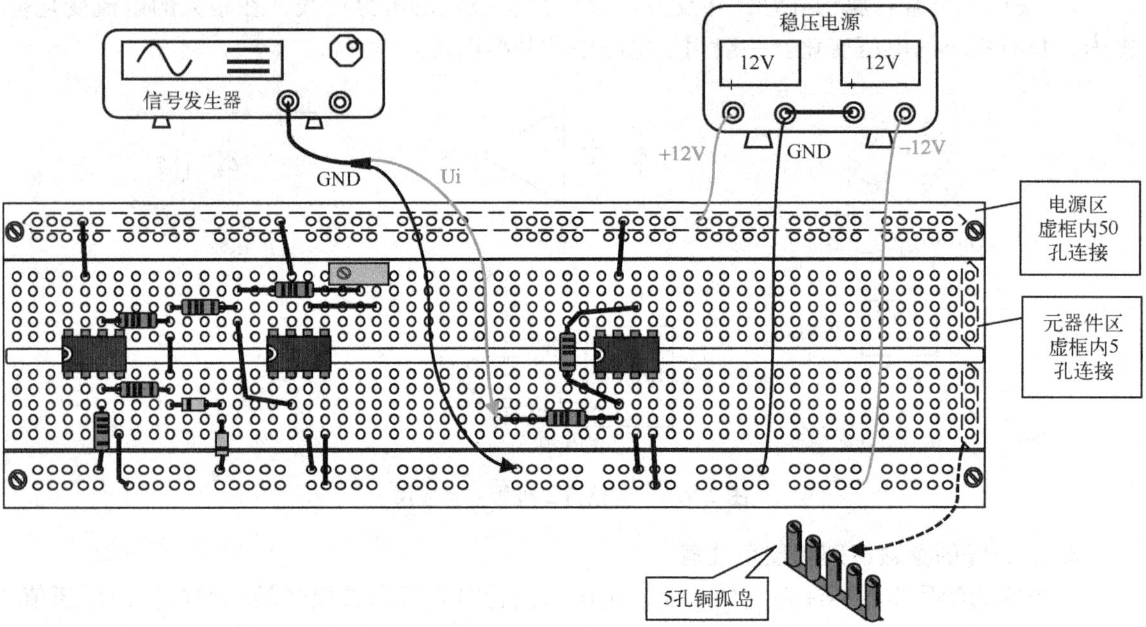

图2.8.1　面包板结构示意图

2.8.2　面包板布线的几个基本原则

在面包板上完成电路搭接，不同的人有不同的风格。但是，无论什么风格、习惯，完成的电路搭接，必须注意以下几个基本原则：

1）连接点越少越好。每增加一个连接点，实际上就人为地增加了故障概率。面包板孔内不通、导线松动、导线内部断裂等都是常见故障。

2）尽量避免立交桥。所谓的“立交桥”就是元器件或者导线跨在其他元器件或者导线上。初学者最容易犯这样的错误。这样做，一方面给后期更换元器件带来麻烦，另一方面，在出现故障时，零乱的导线很容易使人失去信心。

3）尽量牢靠。有两种现象需要注意：第一，集成电路很容易松动，因此，对于运放等集成电路，需要用力下压，若不牢靠，需要更换位置；第二，有些元器件引脚太细，要注意轻轻拨动一下，如果发现不牢靠，需要更换位置。

4）方便测试。5孔孤岛一般不要占满，至少留出一个孔，用于测试。

5）布局尽量紧凑。信号流向尽量合理。

6）布局尽量与原理图近似。这样有助于同学们在查找故障时，尽快找到元器件位置。

7）电源区使用尽量清晰。在搭接电路之前，首先将电源区划分成正电源、接地和负电源三个区域，并用导线完成连接，如图 2. 8. 1 所示。这样做，可以避免今后使用电源时，出现一些疏忽的故障。

图 2. 8.1 中左边一块，给出的是比较规范的某电路局部；右边是一个反相比例放大器电路，都属于搭接合格的。请学生参考，并思考如此电路你会怎么搭接。

2. 8. 3　面包板的携带和一般保护

开放实验进行中，同学们避免不了将自己搭接好的电路带到实验室，或者从实验室带出去。经常就出现了这样的问题：上次还好好的电路，这次拿来就不行了。或者自己搭好的电路，电容怎么不见了？同学们为了解决上述问题，想了很多办法。用塑料泡沫捆绑，胶带纸扎上等。大家知道，这样做实际上并不保险。唯一可靠的方法是，平放着，拿回去。否则，无论你怎么保护，去、来之间，都要重新检查。

面包板并不太娇贵，但也不能“虐待”它。一般来说，即便少量进水，只要干了，也不会轻易损坏。它最怕的是碎屑、断头和粗暴插拔。不要让粉状物进入插孔，不要将金属线折断在孔内。不要将太粗的导线、探针、引脚插入孔内。

面包板的损坏，难以检查出来。因此，请大家格外爱护。

2. 9　故障查找和排除方法

2. 9. 1　查找故障和排除故障基本条件

同学们在做实验的时候，经常发现有些教师面对故障，很轻松就能查找出来。而自己面对相同的故障，却无计可施。实际上，具备了查找故障和排除故障的基本条件，加上缜密的逻辑思维，任何人都可以使自己的查、排故障能力迅速提高。

查、排故障需要以下基本条件：

1. 对于电路要足够熟悉

首先需要认真预习，对电路要足够熟悉。排查故障和医生给人看病一样，对人的基本生理结构都不熟悉，你怎么给人看病？电路熟悉了，每个关键点的波形就在脑子里，用示波器一看，问题就清楚了。

2. 掌握较为全面的基础知识

不能仅仅是头痛医头，还需要对基础知识有全面的了解。这个要求不是短时就可以达到的。需要学生在学习过程中，抓住每一个知识点，尽量融会贯通。

3. 会熟练使用仪器设备

在查、排故障中，主要仪器设备也不多，就是示波器、万用表、图示仪、毫伏表等。掌握并熟练使用它们并不困难。

4. 缜密的逻辑思维

在查、排故障中，缜密的逻辑思维是必不可少的。一个故障的出现，通常会有多种原因，而一种原因，可能造成不同的结果。比如，造成A现象的原因可能有m、n两种。n原因可能造成A、B两种共存现象。m原因可能造成A、C两种共存现象。现在已经发现了A现象，那么到底是m和n哪种原因呢？只要查看B、C原因是否存在，就可以说明问题了。

对于哪个原因会造成哪种结果，需要对电路熟悉，需要全面的基础知识。而对结论的分析，则需要缜密的思维。这种思维能力看似简单，却没有被大多数同学所利用。一方面是没有这种习惯，另一方面也是缺乏连续思考的能力。因此，在实验中，大家要特别注意培养这种思考能力。

举一个实际的例子：有位学生接好了两级放大器，打开电源、信号源开关，输出没有波形，然后就测量第一级输出，也没有波形。那么问题在哪里呢？列出来如下：

1）电源根本就没有接上或者电压太低。

2）信号源根本就没有引入。

3）示波器使用就不正确。

4）第一级放大器出现错误。

这个分析是基本正确的，该同学就用万用表的电压档测量了电源输出端，得到+12 V。然后用示波器测量信号源输出端，也正常，这还说明示波器使用正确，于是怀疑是第一级放大器错误。就拆除了第一级重新搭接。几个小时过去了，第二次搭接的电路出现了同样的问题。这时教师是这样处理的：

用示波器直流档观察电路中存在的电源点，有+12 V。用示波器交流档观察电路中信号引入端，发现没有交变信号。接着，将示波器探头置于信号源输出端，发现有信号，中间只有一根导线连接，导线两端一个有信号，一个没有信号，怀疑导线断路。教师谨慎地（注意，越是临近成功之时，越要谨慎）记住位置，拔下导线，用万用表电阻档测量导线，电阻为无穷大，结论是导线断了。那么，这位同学与老师的差距到底在哪里呢？

首先，认定故障要从根部认定，在逻辑上，证明信号源没有引入，必须从电路的信号引入端测量，而不是在信号源的输出端。其中对电源的证明，学生也犯了相同的错误，只是问题不在那里，侥幸而已。

其次，怀疑必须得到确认，不要急于拆除电路。

从这个例子，大家可以知道，任何时候缜密的逻辑思考比盲目动手都重要。

5. 熟悉一些常见的排查方法

总结常见的排查方法是比较困难的。

首先确定故障位置。在确定故障位置中，常见有两种方法，正查和反查。

其次确定故障原因。这要依赖于对“原因—现象”的足够认识。什么原因可能造成什么样的现象，要有累积的知识做保障。然后，利用逻辑思维，一步一步地确认。

排除故障一般使用替换法。

6. 最好见过一些故障现象

学生和教师的区别可能主要在这里，教师见得多了，就有一些先验。但是，这并不是学生不能排查故障的理由。对待经验，显然是多多益善，但是，也不要盲从于经验。

7. 有足够的信心

不相信自己，几乎就无法排查故障。知识和正确的方法作为保障，就一定可以找到故障原因，进而排除它。很多同学之所以对待故障一筹莫展，主要是不相信自己的能力，总有这样的想法，“这样复杂的故障，我怎么能排除?”

在面对故障时，如果同学们能像福尔摩斯面对疑案一样，有足够的兴趣，有足够的信心，你就一定能调动自己的积极性，并且从中找到足够的乐趣。它比智力竞赛有趣多了。

8. 有足够的耐心

有时，复杂的逻辑思维可能得出了一个巨大的排查顺序。比如发现地线有问题，有16根，一根一根查吗? 如果你确实没有其他方法（不过，一般靠逻辑思维，可以帮助你缩小查找范围)，只能一根一根查的时候，千万要压制自己的不耐烦。很多同学都是这样，只要耐心查，就可以发现问题，可是他们没有这样做。

有了上述这些条件，同学们在实战中注意多发现问题，多思考，在一个学期的实验中，你的排查故障能力就会大大提高。发现故障时，恰恰是提高自己动手能力的好机会。

2.9.2 正确使用示波器

示波器可能是排查故障中最为得力的工具。熟练正确地使用好示波器，将大大提高自己的排查能力。

本节不详述示波器实验方法，仅介绍一些技巧如下：

1. 示波器使用前的准备工作

要很好利用示波器，必须做好准备工作。

1）打开电源，检查灰度和聚焦。

2）将示波器的一个探头地线与电路地线连接好。

3）将两个探头接信号源，让示波器双踪显示，检查屏幕上波形是否正确。

4）给两个探头上都夹上一个短硬导线，导线头裸露1 cm左右。

5）将其中通道1的探头信号端拿在手上，含硬导线。注意不要让导线脱离示波器探头。有些同学习惯用示波器的夹子，这不好。应该习惯于用导线。

6）最终的工作状态是：示波器两个通道都正常，通道1的地线与电路地线牢靠接触，永远不动它，通道1的信号端含一个导线，通道2信号端也含导线，备用。

2. 用示波器粗略观察“点”电压

调整示波器的Y轴衰减开关，使得屏幕可以看到电路的整个电源范围，比如电源为±12 V，可以调整为5V/DIV，零线居中，DC档。这样，整个屏幕可以看到±20 V的电压。这种状态下，用示波器可以对电路内所用点进行粗略观测。比如查看电源电压是否基本正确、查看输出点是否有直流分量等。这种粗略观察，可以发现绝大多数故障。

3. 用示波器细致观察“点”交变量

当发现某一点电压上既有直流分量，又有交流分量，而又关心其中交流分量大小时，可以将输入耦合开关置于AC档，并减小Y轴衰减开关位置，将交流量放大显示。

4. 通过扫速调整发现地线故障

有时，我们观察输出波形，是一个正弦波，可是后级表现又表明这一级存在问题。我们可以将X轴扫速旋钮改变，让扫速变慢，在屏幕内包含更长时间的波形。这时候，就像站得更远看波形一样，可能会发现原先的正弦波是在一个更慢的正弦波上叠加着。这样，我们就发现了一个故障：原来输出波形上存在工频干扰，这种干扰多数是地线不牢靠造成的。

因此，在Y轴、X轴都存在“站远”观察的可能，就是让有限的屏幕包含更多的信息，方法是，让扫速变慢，让 Y 轴每格显示更大的电压。当然，这个信息将比较粗略，但是，它有助于我们发现更多的故障。

5. 用示波器直接观察地线

对于运算放大器或者比较器电路，由于输出很容易饱和达到电源电压，因此，很多工频干扰被淹没，地线是否牢靠，除了直接用万用表测量地线电阻外，还可以直接用示波器观察。当示波器地线牢靠，用它测量一个地线时，将在示波器上显示一条稳定的平直线。而用它测量一个浮空点（原本是地线，但是没有接上，是地线故障），则同样是一条平直线。

但是，仔细观察就会发现，很多示波器都可以区分开测量的到底是准确的地线还是浮空点。笔者的经验是，地线很实很平，浮空点则显得有些虚。如果掌握一些经验技巧，就可以轻易地发现地线故障。

6. 示波器是否正常工作的简单测试

在测试中，有时还会出现示波器突然不正常。实验中应该时刻保证示波器正常工作，难道要不停地按照前述方法检查示波器吗？太麻烦。简单的方法是，手里拿着示波器探头，用手指轻触探头前面裸露的导线，示波器屏幕应该立即显示一些噪声。这基本可以保证示波器还正常工作着。

7. 检验示波器两个通道的一致性

当需要对示波器两个通道的输入信号比较大小时，要求示波器两个通道的放大倍数必须一致。示波器有一种减法功能，当给示波器两个通道引入不同的信号时，将输入选择开关置于 A－B 状态，则显示的是两个通道的差值，如果两个信号相同，则差值应该为 0，显示一条平直线。将 Y 轴灵敏度旋钮置于最小，这个差值将被放大，其中的差异就显现出来了。良好的示波器即便此时，显示线也很平直，只有微小的波动。而质量不高的示波器，就会显示出一个较大的怪异波形。用这个波形的大小可以表现该示波器两个通道放大性能的一致性。

8. 示波器黑屏的原因和恢复

示波器黑屏是指示波器的屏幕上没有任何光点或者线，好像示波器没有打开一样。造成示波器黑屏的原因很多，多数是使用不恰当引起。

1）电源没有打开。

2）示波器损坏。

3）灰度不够。

处理方法是，调整灰度旋钮到最大。

4）无扫描信号且初始位置不合适。

无扫描信号时，示波器的电子枪只发出一束不变的电子束，它将只引起示波屏上某个“点”被点亮，当这个点的位置，即初始位置超出了示波屏的范围，则出现这种现象。

初始位置分为 X－Position 和 Y－Position 两个旋钮调节。大家想象一下，如果一个点在屏幕之外，单纯用 X 和 Y 方向的平移将点拉回到屏幕之内，并不是一件容易的事情。下面的方法可以顺利找回这个跑飞的光点。

将触发选择设为自动，并将输入选择（AC　GND　DC）设为 GND，使得示波器长期处于扫描状态，并有一条表示零线的亮线出现。这时候，无论 X－Position 在什么位置，由于亮线很宽，亮线都会有一部分没有超出屏幕 X 边界，这样，只要单独调节 Y－Position，就会首先将Y位置调整合适，然后，调节X－Position，就是左右移动亮线，X位置也会合适，黑屏就消失了。

5）有扫描信号但被显示信号在Y轴上超限。

利用上述原理，只要调整Y－Position即可。

6）有扫描信号但被测信号上升沿太陡。

如果波形高电平和低电平都不在示波屏Y边界内，则一定有一条或者多条很陡的线从示波屏下方飞向上方，在扫速很高，信号上升沿很陡时，这个穿越线可能非常"淡"，在示波屏上不被人注意，以为是黑屏。此时将扫速变慢，就可以看到了。

上述多种原因都可能造成黑屏或者黑屏假象。同学们遇到黑屏，不要急着找老师，自己琢磨一下，按照4）介绍的方法，一般自己就可以解决。如果照上面方法做了，还是黑屏，则可能是示波器损坏了，或者电源没有打开。

2.9.3　故障查找顺序

在输出不满足预定要求的情况下，测试者可以确认整个电路出现了故障。在此情况下，不同的测试者有不同的查找故障的顺序。有些人习惯于立即从输入端入手，正确—正确—直到不正确，这叫正查或者顺查。有些人则习惯于从输出端方向回查，错误—错误—直到正确，这叫反查或者逆查。

不管正查还是反查，其中都隐含了一个假设，就是将整个电路拆分成了若干个部分的串联。因此，在使用这种检查故障的方法时，要习惯于将电路分成若干部分，哪怕是一级电路，比如一个单级晶体管放大器，就可以分成输入耦合电容、晶体管和输出耦合电容等部分。

在对待多级放大电路时，应该采用先大块划分，后细致划分的方法。比如3级放大电路，先将整个电路分为3级，使用正查或者反查，确定故障在第2级，又将第2级分为输入耦合电容、晶体管和输出耦合电容3部分，最后就可以准确地确定故障位置。

对于闭环电路，整个电路没有明确的输入点，学生可能会感觉无从下手。实际上，只需要画出信号流向，依据信号流向，仍然采取反查和正查两种方法，即可排除故障。

2.9.4　保护故障现场

遇到故障，最忌讳现场被破坏，就像大侦探重视现场一样。什么叫保护故障现场，怎么保护呢?

如果故障可以随时得以重现，说明故障现场得到了保护。反之，故障再也出现不了，就是破坏了故障现场。有些故障，有一定的发作概率，当故障概率没有发生明显改变，说明故障现场也得到了保护。

保护故障现场，并不仅仅是为了叫来老师，帮助你查找故障。在你自己查找故障时，也同样需要保护现场。因为莫名其妙的故障消失，并不表示故障被彻底排除，侥幸会给后期工作埋下隐患。只有准确找到故障原因，并且做到在排除故障后，仍可按照故障原因，重新制造出故障，才表明故障被彻底消除了。如果现场被破坏，这个要求就难以实现了。

保护故障现场，有以下几点需要注意：

1. 对供电电源的处理

故障种类很多，从危险性上可以分为有危险和没有危险两类。有危险故障又分为人身危险和设备器件危险两种。在不同的故障下，对电源的处理不同。

人身危险故障：指通电后，整个实验系统可能引起人身伤害或者存在人身伤害可能。比如，较大的电解电容被反接，存在爆炸可能；不正确的连接，存在燃烧的可能。对这种故障，一旦明确发现，应立即切断电源。但是，发现它们是不容易的，多数都是在危险发作后才发现。然而，保持灵敏的观察，眼睛看——打火、冒烟、明显的爆裂，鼻子嗅——焦糊味，耳朵听——异常的声音，手摸——明显的温度上升等，都有助于此种故障的及早发现。在模电实验，220 V 的交流电是实验过程中最大的人身安全隐患，应予以充分重视，做到：

1）实验设备的金属外皮，必须与“PE”线可靠连接。

2）设备接通电源后，必须使用验电笔验电。

3）在实验室应放置绝缘垫，桌面、地面应保持干燥整洁。

4）在实验过程中，不用湿手碰电路和仪器，冬天应注意预防静电。

5）定期检查实验室仪器设备，消除安全隐患。

设备器件危险故障：指通电后，整个实验系统的一部分或者全部存在被损坏的可能。比如，输出短接、电源和地的短接、元器件反接、仪器使用不当、实际功率大于设计功率等，这种故障一般不会给人身带来危害，但是可能造成设备和元器件的损坏。对这种故障，一旦明确发现，应立即切断电源。但是，发现它们也是不容易的，仔细观察也是必要的。

有些设备具有自保护功能和警示功能。比如意外的电源短接，可能立即引起电源的自保护，并在电压显示表上指示出来。一方面，保护电源不至于被烧坏，另一方面，提醒实验者已经出现设备危险故障。但是，也有一些设备缺乏这样的功能，还需要实验者密切观察。

有些元器件的损坏是瞬间的，一旦发生即不可挽回。比如元器件反接，多数将立即损坏。也有一些元器件的损坏是积累的，比如实际功率大于设计功率时，需要足够长的时间，才会引起烧毁。因此，仔细观察，也可能会及早发现，挽回一些损失。

无危险故障，指系统实际功能、性能没有满足设计要求或者不能正常工作，但是既不会给人身带来伤害，也不会损毁设备和元器件。确认是这类故障时，可以不切断电源。比如一般的晶体管放大电路，当确认电容没有反接、电源没有断路、输出没有断路时，而工作又不正常，一般可以认为属于这类故障。

2. 不能使电路受到突变的冲击，不能随意按压、拨动元器件和导线

发生故障后，很多学生习惯这里按按、那里碰碰，甚至拿起电路板，在桌子上磕打，说不定，故障就消失了。如果故障依旧，则万幸没有破坏现场，如果故障消失了，可能会因此而侥幸通过教师验收，但是，这样做，弊端是明显的。

首先，没有找到故障原因，对排查故障的能力没有丝毫提高。

其次，电路板仍存在巨大的隐患，如果是正式产品，这样的产品将随时发生故障。

第三，它进一步增强了下次仍然这样做的信心。

那么，电路板就一点都不能动了吗？不是。大家记住，按压、拨动都属于排查故障的手段，可以做，但必须在有逻辑推理结论、有步骤、有次序、有记录的情况下，谨慎进行，而不是随意进行。特别是突变的冲击，如磕打电路板，可能使很多电路连接状态无规则地发生改变，更是不允许的。

3. 不能轻易更换元器件

一般在证据确凿的情况下再更换元器件。轻易更换，有可能带来如下问题：

1）原本元器件良好，只是接触问题。更换后，必然要重新插接。如果插接良好，则故障消失，可能会做出元器件损坏的错误结论。如果故障依旧，则可能得出不是此处问题的错误结论。

2）原本元器件良好，只是接触问题。更换元器件，反而有可能损坏该元器件，引出更多问题，使得思路混乱。

3）元器件外围电路发生断路故障，导致元器件损坏。在未查明原因前，更换元器件，换一个、坏一个，可能造成更大的损失。

4. 不能一次改变两个以上的状态

排查故障中，只有三种主要行为：探测、思考、试探性改变电路状态。试探性改变状态，包含更换元器件、改变输入信号、改变电源电压、改变接触状况、改变电路连接方式等。一般来说，试探性改变状态，都是经过探测、思考后做出的试探性决策。比如经过思考，怀疑是电源电压太低，在改变电源电压时，却又怀疑是不是元器件 A 损坏了，于是为了省事，一方面改变了电源电压，同时又更换了 A 元器件。那么，此时会发现，无论怎样都无法得出准确的结论。最后，还得将元器件换回来。

因此，即便怀疑有多种造成故障的原因，也不能着急，只能一个一个试探。

5. 拆下的部件要做好标记

为了防止拆下的部件与其他部件混淆，保证现场可以被顺利恢复，拆下的部件一定要做好标记，单独存放。

很多元器件太小，很难做标记。试图在元器件上标记，非常困难。比较好的方法是，制作一些小格子，在格子上做标记，将元器件放入格子。或者拿一张大纸，在纸上画好方格，做好标记，将元器件放入，注意不要碰它就行了。

6. 在动作进行中时刻在记录本上准确记录

所谓的高手，在排查故障中，对于简单故障，一般不记录，而面对较为复杂的故障，或者他们没有轻易解决的故障，也需要记录。原因是，只有这样，才能保证在复杂情况下，准确地重现故障。

对于学生，要求大家面对故障，要准确、细致地记录，一方面可以保护现场、恢复现场，另一方面也对学生迅速提高排查故障能力大有好处。

7. 慢、再慢，谨慎、再谨慎，思考、再思考

如上所述。

2.9.5 排查故障中试探性改变的次序

如前所述，不同的故障原因可能造成相同的故障现象。面对罗列的多种可能，需要一种一种试探和确认。这就涉及试探性改变的次序。

首先介绍依据故障概率的试探次序。

每种原因都有其产生的条件，在大量样本中，就有其产生的概率。依据概率大小进行试探，有可能加快确认故障的速度。

比如示波器黑屏，有多种可能，要一种一种试探。而从概率上讲，如果是考试，则依据故障概率的大小，依次从大到小排除：①灰度不合适；②没有触发信号；③光点初始位置不正确。如果在平时实验中，则概率依次为①光点初始位置不正确；②没有触发信号；③灰度不合适；④电源未打开；⑤示波器损坏。

当然，对于不同故障，分析概率并不是那么可靠。印象和经验可能会发生作用。

其次，介绍依据困难程度的试探次序。

每个人都或多或少有一些畏难心理，比如一个楼房中有一种奇怪的气味，可能会怀疑楼房外、楼顶、房间内或者地下、墙壁内隐藏着一些腐烂物品。那么从哪里试探性地搜索呢？此时，即便认为腐烂物品在地下的概率很大，也不会立即拆楼，掘地三尺，而是先从房间内开始，进而到楼外、楼顶，实在没有，再考虑墙壁内和地下。这就是依据困难程度采取的试探次序。

实际工作中，应该将这两种次序结合考虑。

2.9.6 怀疑能力

所谓的怀疑能力，是指谨慎而有理、有胆量地怀疑，是排查故障遇到障碍时，必须具备的能力。

比如，一台含有电源电压指示表的直流稳压电源，给一个晶体管单级放大电路供电，要求电压为12 V，稳压源上表头指示为12.1 V，可是输出总是达不到要求。在大家困惑时，有人提出，是不是电压不对，有人反对，明明显示的12.1 V，有什么不对？（因为大家都知道，电源电压比要求多0.1 V，不会造成这种故障）。可是，提出人坚持自己的怀疑，用万用表一量，果然只有6 V，原来稳压源的表头损坏了。

下面有一些大胆的怀疑，可以想象一下：

1）连续更换3个同型号元器件，故障现象一样。敢不敢怀疑这3个元器件都是坏的？

2）新买来的元器件，接上电路就不能用。敢不敢怀疑，买来就是坏的？

3）一个测量仪器，显示值与估计值完全不吻合，敢不敢怀疑仪器使用不正确或者仪器就是坏的？

4）一个老师给的电路，怎么也实现不了预期功能。敢不敢怀疑电路设计本身就不正确？

敢于怀疑，并不是抛弃正常思路，随意怀疑，而是面对很多想当然的结论，能够退一步，问一问，只要思路不被禁锢即可。

2.9.7 经验的积累

排查故障类似于医生诊病，也像警察探案，不仅需要扎实的理论基础和良好的设备，还需要有大量的经验积累。

奢求学生有大量的排查故障经验是不现实的。但是，在实验中，同学们要多观察、多思考、多记忆。这样，不仅可以增加排查故障的经验，还可以锻炼大家的观察力和逻辑思维能力。

要做到这一步，办法很简单。同学们准备一个比较结实的本子，像记录实验过程一样，对每次遇到的故障，进行认真地记录就行了。一般要记录实验的基本描述、实验环境、实验中遇到的故障现象、思考的过程、排查的过程以及最终的结论。

也许，同学们今后再也不会翻开这个本子。但是，等再次翻开它的时候，你可能会有诸多感触。

2.9.8 排查故障的乐趣

良好的排查故障心态是：将遇到故障，视为对自己排查故障能力的考验，积极应战；也要将其他同学的故障视为一种额外的机会，积极思考，积极参与排查。

那么，如果现在还没有兴趣，怎么办？不要着急，有办法。

首先要重视简单故障，从简单故障的顺利排查上，用心理暗示增强自信。

其次，可以在同学间相互制造故障，就像出题一样。特别在振荡器实验中，制造故障很容易（注意，只能制造无危险故障）。将一个正常工作的电路，有目的地剪掉一根线的裸线头，让别人以为这根线插进了孔里，交给同学排查。这种互相制造故障，比赛谁做得又快又准，不仅对排查能力的提高大有帮助，而且觉得很有乐趣。

最后，祝同学们在实验中通过观察、思考和动手，获得更大的提高。

第 3 章　模拟电子技术实验

3.1　晶体管单级放大器

3.1.1　实验目的

1）测量放大器静态工作点和放大倍数。

2）观察静态工作点对放大器输出波形的影响。

3）测量输入电阻、输出电阻。

4）测量放大电路的幅频特性。

3.1.2　实验思路

这是一个验证性实验，需要利用晶体管、电阻和电容等元器件，自己制作一个单管放大器，并根据实验目的的要求，通过实验，体会课本内容的正确性，加深对课本内容的理解。要进行上述实验，首先需要自己构建一个单管放大器的基本电路，此电路需要晶体管 1 只、电阻若干、电容器 2 只。实验电路如图 3.1.1 所示。

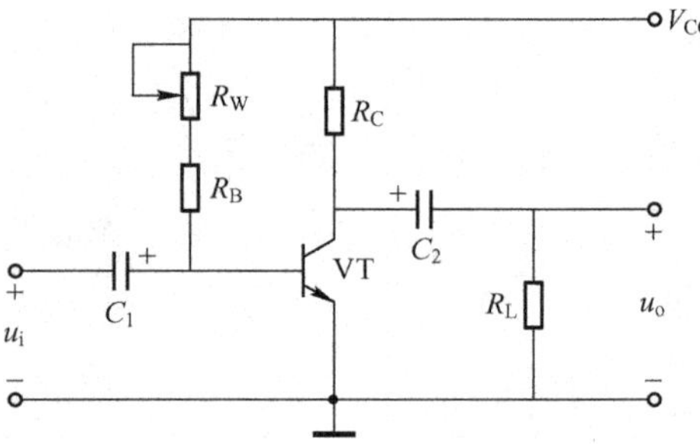

图 3.1.1　一个单管放大器的基本电路

1. 确定上述电路的各种参数

1）测量晶体管的 β。由于晶体管生产中存在的分散性，每个同学手中的晶体管参数可能不一致，因此，利用各种方法测量或者估计晶体管的 β，是实验前必须进行的。获得晶体管的 β，常见的仪器有晶体管图示仪和万用表。请同学们根据实验室条件，自行完成。

2）根据晶体管的 β，合理选择电源电压和集电极电阻。在这一部分，很多选择并不是唯一的。电源电压可以选择为 +12 V，通过调节直流稳压电源实现。选择 $R_c = 2\,\text{k}\Omega$。

3）估算 R_W 和 R_B。根据电源电压，先使静态工作点位于直流负载线中点，则

$$I_{CQ}R_C = V_{CC} - U_{CEQ} = 0.5V_{CC} = 6\text{V},\ I_{CQ} = 3\,\text{mA}$$

又根据 $I_{BQ} = I_{CQ}/\beta$，可以得到 I_{BQ}，而 $I_{BQ} = (V_{CC} - U_{BEQ})/(R_W + R_B)$，可以估算出

$$R_W + R_B = (V_{CC} - U_{BEQ})/I_{BQ} = (12 - 0.7) \times \beta / I_{CQ} = \beta \times 3.77\,\text{k}\Omega \tag{3.1.1}$$

将 $R_W + R_B$ 的估算值用 R_{WB} 表示，如果 β 为 100，则此值为 377 kΩ。此时，可以按照下述方法选择电位器 R_W 和电阻 R_B：

① 确定 $R_W + R_B$ 的最小值，也就是 R_B 的值，此值应该比达到饱和状态的基极电阻还小，以确保调节 R_W 为 0 时，晶体管肯定进入了饱和状态。

$$R_B \leqslant \frac{\beta(V_{CC}-U_{BEQ})R_C}{V_{CC}-U_{CES}} \approx \beta R_C$$

一般选取 $R_B = 0.5\beta R_C$。比如当 $\beta = 100$ 时，可以选择 $R_B = 100\,\mathrm{k\Omega}$。

② 确定 $R_W + R_B$的最大值，此值一般选择为式（3.1.1）计算获得的 R_{WB}的 2 ~ 5 倍。以保证当 R_W调到最大时，使得晶体管最大限度地接近截止区。因此，可以选择 R_W为（7.54 ~ 18.85）β kΩ。比如当 $\beta = 100$ 时，可以选择 R_W为 1 ~ 2 MΩ。

③ 电位器标称值一般局限在 1、2、5 三档，比如 1 kΩ、2 kΩ、5 kΩ，不要试图选择 4 kΩ 的电位器，因为厂家不生产，无法买到。

4）确定其他参数：电容器 C_1、C_2的主要作用是隔直和信号耦合，同时，还在客观上造成了本放大电路不能放大低频信号。原则上讲，这两个电容器越大，其低频性能越好。一般选取 10 ~ 47 μF。R_L可以选择 2 kΩ 左右。

2. 搭建电路

上述参数确定后，按照这些参数选择元器件，在面包板上实现图 3.1.1 的搭接。然后在图中输入端接入 1000 Hz、10 mV 左右的正弦信号。用双踪示波器同时观察输入、输出信号，如果发现输入、输出信号同频率并且反相，输出信号大于输入信号，一般来说，基本实验电路的构建任务就完成了。学生可以按照不同的实验要求进行具体的实验。

3.1.3 实验内容和步骤

1. 静态工作点的调整和测量

对于一个晶体管放大电路，根据设计目的不同，静态工作点的选择也有不同的原则。一般来说，在没有特殊要求的情况下，静态工作点的选择，从理论上说，就是使其处于交流负载线的中点，也就是让输出信号能够达到最大限度的不失真。

因此，在本实验中，静态工作点的调整，就是用示波器观察输出，让输出信号达到最大限度的不失真。

当按照上述要求搭接好电路后，在输入端引入正弦信号，用示波器观察输出。静态工作点具体的调整步骤见表 3.1.1。

表 3.1.1 静态工作点调整现象动作归纳

现　象	出现截止失真	出现饱和失真	两种失真都出现	无 失 真
动作	减小 R_W	增大 R_W	减小输入信号	加大输入信号

根据示波器上观察到的现象，做出不同的调整动作，反复进行。当加大输入信号，两种失真同时出现，减小输入信号，两种失真同时消失时，可以认为此时的静态工作点正好处于交流负载线的中点，也就是最佳的静态工作点。去掉输入信号，测量此时的 U_{CQ}，就得到了静态工作点。

实验中的难点和经常出现的问题、故障如下：

1）如何判断截止失真和饱和失真？

图 3.1.2a 是一个标准的正弦波，是当输入信号为正弦波，而输出在没有任何失真的情况下获得的波形。当输出发生饱和失真时，可以看到明显的类似于“刀削顶”一样的失真，如图 3.1.2b 所示。对于截止失真，理论上讲，只有进入截止区，才可能发生截止失真。但

是，由于晶体管普遍存在这样一个特性：在靠近截止区时，其电流放大倍数呈现出非线性，如图 3.1.3 中 $I_B=0$ 和 $I_B=20\ \mu A$ 之间，因此，在输出信号靠近截止区，并且远没有进入截止区的时刻，输出波形就会发生一种非线性失真。当输出发生这种靠近截止区的非线性失真时，失真是一种渐变的、类似于“馒头状”的失真。对于初学者来讲，很容易就可以判断是否发生饱和失真。而对于靠近截止区的非线性失真，即便是教师，判断起来也不是那么容易。主要原因是：饱和失真发生前，晶体管工作仍然在线性区，突然地进入饱和区，输出波形的变化非常明显。而靠近截止区的非线性失真则不一样，严格说，教科书上给出的截止区仅仅是一个窄小的区间，进入这个区域当然要发生截止失真。而在进入这个区域之前，有一个很大的区间，晶体管实际上已经处于非线性区域，输出波形已经逐渐开始变化，这也会带来失真。因此，在靠近截止区时，是否发生失真，只能依靠这样的判断：在信号增大的过程中，靠近截止区的方向，如果可以明显判断输出波形已经不是正弦波，则发生了非线性失真。

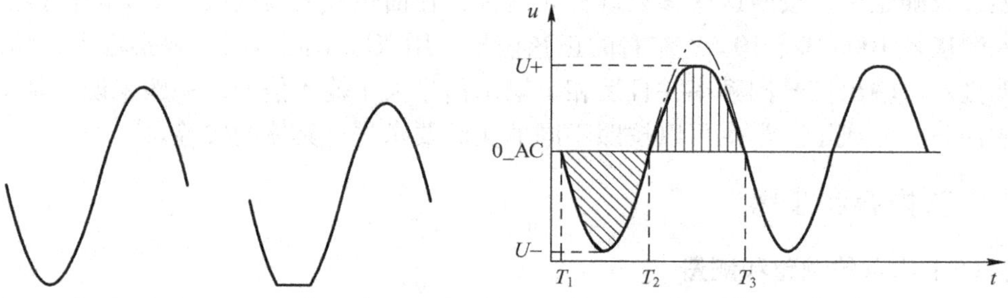

a）标准正弦波　b）饱和失真　c）截止失真及判断方法

图 3.1.2　判断截止失真和饱和失真示意图

可是怎样判断一个波形的局部，是否已经不是正弦波呢？可以利用正弦波的对称性，合理利用仪器来辅助判断。

注意图 3.1.2c 所示的靠近截止区的非线性失真，它的特点是波形在截止方向（在反相放大器中，为正方向）幅度下降了。但是，由于在示波器上看不出正弦波的零点，因此，难以用这种方法直接获得两个方向的幅度。注意到，示波器的 AC 档，可以自动地将输出波形的直流分量去除，因此，AC 零点必然满足这样的条件：零点上方波形与下方波形的平均值相等。那么，由于靠近截止区的非线性失真使得截止方向幅度下降，则 AC 零点必然下移，这样就造成在 AC 档下，如果出现了靠近截止区的非线性失真，则截止方向的一半波形“又矮又胖”。这可以通过在示波器 AC 档下比较如图 3.1.2c 中的 $U+$ 和 $U-$，或者比较 T_2-T_1 和 T_3-T_2 得出结果。即：

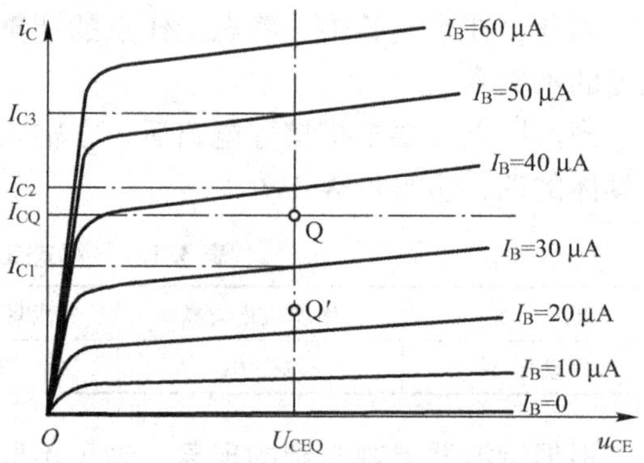

图 3.1.3　图示仪显示的晶体管输出特性曲线

$U+<U-$ 或者 $T_2-T_1<T_3-T_2$，说明波形发生了靠近截止区的非线性失真。

当然，这种方法带来的问题是，几乎所有的输出波形，都会出现或多或少的失真，这取决于晶体管本身特性，如果晶体管表现很差，则输出几乎永远是失真的，并且用上述方法可以看出。因此，不要用这种方法将原本可以忽视的微小失真筛选出来，而得出全面截止失真的结论。

2）电位器调整到底了，还不能改变目前现象怎么办？

首先要判断清楚，在调整电位器的过程中，输出信号是否发生了改变。如果没有改变，则属于问题3。如果改变了，则属于改变力度不够的问题。那么怎么判断，电位器调整是否使得输出信号发生改变呢？

首先，将示波器探头置于晶体管C极，用示波器DC档观察，则可以清楚地看出输出信号的直流电压变化情况。

其次，如果是靠近截止区的非线性失真，调整电位器就是要减小R_W，当电位器调整到最小，输出直流电压升高，还不能消除靠近截止区的非线性失真，则说明和R_W串联的电阻R_B太大，更换一个小一些的R_B一般就可以解决问题。

如果是饱和失真，调整电位器就是要加大R_W，当电位器调整到最大，输出直流电压降低，还不能消除饱和失真，则说明和R_W串联的电阻R_B太小，更换一个大一些的R_B或者R_W，一般就可以解决问题。

3）调整动作不引起任何改变怎么办？

用示波器观察集电极信号，当调整R_W，示波器信号不发生变化，一般存在如下可能：

① 电位器连接出现错误，可能是使用了电位器的两个固定端。

② R_W比R_B小得多。R_W的改变几乎不影响R_W和R_B的串联电阻。

③ 电位器损坏、插孔接错、插孔损坏、导线损坏等。

④ 耦合电容C_1短路。

⑤ 错误地使用示波器的AC档观察输出直流电压。

解决方法是：仔细检查电路连接，最直接的办法是将R_W与其他电路断开，用万用表电阻档测量电位器外引的两个端子，故障一般就显现出来了。

2. 电压放大倍数测量

放大电路的电压放大倍数测量，必须在输出信号没有明显失真的情况下进行。测量方法可以分为粗略测量和精细测量两种。可以根据测量要求选择测量方法。

粗略测量：直接用示波器测量。使用双踪示波器的两个通道，同时测量输入信号幅值和输出信号幅值，两者相除就是电压放大倍数。或者使用单踪示波器，分别测量也可。需要注意的是，这种测量在输出信号失真的情况下是毫无意义的。测量时，必须按照上述的失真判断方法，密切观察输出信号的失真情况。

精细测量：用晶体管毫伏表测量。在保证输出信号没有失真的情况下，直接用晶体管毫伏表分别测量输入信号和输出信号的有效值，直接相除也是电压放大倍数。注意，这种测量要求在测量的同时，一直用示波器监视输出信号，输出失真或者没有监测，测量都无效。

实验中的难点和经常出现的问题、故障如下：

1）为什么输出信号失真的情况下，用晶体管毫伏表测量没有意义？

首先，当输出信号失真时，电压放大倍数的物理概念已经不存在。其次，晶体管毫伏表测量的是被测信号的有效值，其刻度是按照正弦波标记的，当被测信号不是正弦波，读出的有效值也不是其真正的有效值。因此，一旦使用晶体管毫伏表，就必须用示波器同步观察。

2）用示波器测量放大倍数，与用晶体管毫伏表测量的结果差异很大，而且输出也没有失真，是怎么回事？

在使用双踪示波器时，示波器两个通道中的 Y 轴增益旋钮，至少有 1 个没有拧到测量状态。这样，该通道读数将小于实际值。解决方法是，将增益旋钮右旋，听到“咔哒”一声就可以了。

3）两种方法测量出的放大倍数近似一致，但是远远小于估计值，是怎么回事？

按照故障概率，一般原因和排除故障方法如下：

① 晶体管的集电极和发射极颠倒。这样，其电流放大倍数 β 急剧下降，导致电压放大倍数急剧下降。

② 输入信号频率过低。对于图 3. 1. 1 这样的放大电路，其低频放大能力很差，在输入信号频率较低时，其电压放大倍数比中频时要小。

③ 隔直电容损坏。这种现象很少见，但是也不可忽视。用示波器观察电容两端信号，其交变成分的幅值如果发生降低，则可以肯定是电容损坏了。

4）实验中，$R_C = 2\,k\Omega$，$R_L = 2\,k\Omega$，对上述电路估算出输入电阻为 0. 87 kΩ，实测输入电阻为 0. 88 kΩ。用数字万用表测量本电路中晶体管的 β 为 128，因此，估算出

$$A_u = -\frac{\beta(R_C//R_L)}{r_{be}} \approx -\frac{128 \times 1\,k\Omega}{0.88\,k\Omega} = -145$$

但是，对电压放大倍数进行实测，结果却是 −178，远大于估算值，这是为什么？

估算输入电阻主要是依据 r_{be}，由于实测 0. 88 kΩ 和估算 0. 87 kΩ 很接近，因此上式中使用0. 88 kΩ 作为 r_{be} 是可行的。据分析，出现这种差异还存在三种可能：第一，数字万用表测量的 β 不准确；第二，电压放大倍数测量方法有误。第三，电阻 R_C、R_L 选取有误。按照排除故障的基本原则，先检查了后两种可能，因为检查它们仅需要很短的时间。检查结果表明，不是它们的问题。因此，将注意力放在 β 的测量不准确上。

使用晶体管图示仪，测量该电路中的晶体管 β，结果为 150。这样，新的电压放大倍数估算值变为 −174，与实测值非常近似。问题找到了，就是万用表测量的 β 不准确。

5）为什么用数字万用表和晶体管图示仪测量晶体管的 β，结果差异这么大？我们能相信哪个呢？

首先必须知道，晶体管的 β 在不同的静态工作点处，具有不同的值。

从晶体管图示仪上，可以清晰地看到图 3. 1. 3 所示的图形，也就是教科书上描述的晶体管输出特性曲线。从图中可以看出，随着 I_B 的等增量增加（每次增加 10μA），$u_{CE} - i_C$ 曲线的上移速度是不等量的，开始小，中间大，最后又小。这样就造成 Q 点处的 β 要大于 Q′点的 β。

在图示仪上读取 β 的方法是：根据电路参数可以估算出静态工作点，进而在晶体管图示仪上，可以找到这个点 Q，如图 3. 1. 3 所示。并且找到相邻的两条曲线（$I_B = 30\,\mu A$ 和 $I_B = 40\,\mu A$），依靠图示仪屏幕刻度，读取 I_{CQ1} 和 I_{CQ2}，根据下式可以计算出 β：

$$\beta = \frac{\Delta i_C}{\Delta i_B} = \frac{I_{CQ2} - I_{CQ1}}{40\,\mu A - 30\,\mu A}$$

显然，利用晶体管图示仪测量，可以根据静态工作点选择合理的测量位置，其误差一般仅为视觉读数误差。而数字万用表则不同，由于数字万用表在测量晶体管 β 时，不能选择静

态工作点，其测量值取自万用表内部提供的，固定静态工作点处的β。比如就是图 3.1.3 中的 Q′点，而不是用户要求的静态工作点处的β。从图中也可以看出，这两点处的β存在较大的差异，是正常的。

因此，根据晶体管β随静态工作点明显变化这个特点，数字万用表的测量值，一般情况下仅能作为参考，可信度很低。在条件许可的情况下，应该尽量使用晶体管图示仪测量晶体管的β。

6）输入信号噪声很大，测量不准确，怎么办？

有些信号源，当输入信号幅度过低，其噪声就显现出来了。这样测量放大倍数是不准确的。对于单管放大电路，适当增加输入信号幅度，就可以解决这个问题。对于多级放大电路，一般需要加大信号源幅度，然后在放大器前端增加衰减电路形成小信号。

3. 输入电阻测量

根据输入电阻的定义，按照图 3.1.4 所示电路测量。

选择与估计的输入电阻近似的 R_1。将一定频率的源信号加入 u_s 两端，用晶体管毫伏表分别测量 u_s 和 u_i 处的电压有效值 U_s、U_i。则

$$R_i = \frac{U_i}{U_s - U_i} R_1 \tag{3.1.2}$$

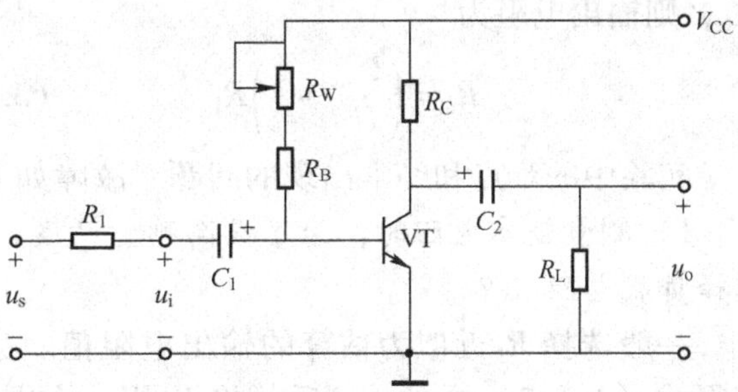

图 3.1.4　输入电阻测量电路

实验中的难点和经常出现的问题、故障如下：

1）此时用毫伏表测量，还需要示波器配合观察吗？

仍然需要。牢记住，只要使用毫伏表测量，就必须有示波器在一旁配合观察，以保证被测信号是标准的正弦波。

2）如何选择 R_1 的阻值？

根据测量学分析，式（3.1.2）中，当 U_s 固定，U_i 大约为 U_s 的一半时，测量误差最小。因此，一般都事先估计输入电阻，然后选择 R_1 近似等于 R_i。

3）在 u_s 两端加直流电压，可以测量输入电阻吗？

放大电路的输入电阻，是针对放大频率范围内的信号源的。本实验的放大电路不能放大直流信号，因此，直接加入直流电压→测量直流电流→计算输入电阻是不正确的。

4）直接用万用表的电阻档在 u_i 两端测量，不行吗？

首先，在万用表的电阻档，表笔提供的电压是直流电压，因此，测量的是直流电阻，不符合上述解释。

其次，万用表在电阻档时，不允许测量带电体，否则易发生万用表熔丝烧毁，或者损坏带电体。

第三，放大电路的输入电阻，是指其正常工作时，针对信号源或者前级电路的输入电阻。如果将放大电路的电源关闭，测量的是放大电路不工作时的直流电阻，因此，也是错误的。

5）为什么测量的输入电阻远远大于估计值？

最为常见的原因是输入信号频率过低。这样测量的输入电阻中就包含了电容器 C_1 的容

抗。显然，频率越低，总的输入电阻就越大。

其次，电容器损坏、质量不好、容值太小，也是造成输入电阻大的原因。

6）测量输入电阻中，其他常见的错误：

① 没有调整好静态工作点，就测量输入电阻。

② 信号源幅度太小，测量不准确。

③ R_1选取不合理，测量不准确。

4. 输出电阻测量

根据输出电阻的定义，按照图 3.1.5 所示电路测量。

断开开关 S，在输入端加入一定频率的正弦信号，观察输出信号，在不失真的情况下，用晶体管毫伏表测量输出电压，记为 $U_{o\infty}$。闭合开关 S，输入信号不变，用晶体管毫伏表测量输出电压，记为 U_{oL}，则输出电阻为

$$R_o = \left(\frac{U_{o\infty}}{U_{oL}} - 1\right)R_L \qquad (3.1.3)$$

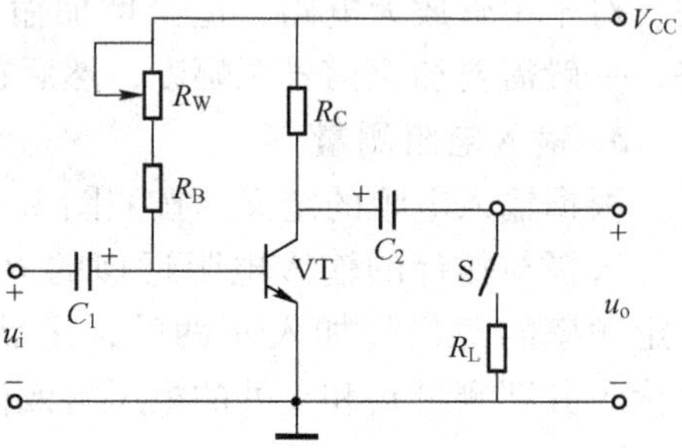

图 3.1.5　输出电阻测量电路

实验中的难点和经常出现的问题、故障如下：

1）测量输出电阻时，为了提高测量精度，如何选择负载电阻 R_L？

一般选择 R_L近似为估算的输出电阻值。另外，还有一种方法可以测得输出电阻。在获得式（3.1.3）中的 $U_{o\infty}$后，将 R_L用一个电位器替代，一边调节电位器，一边观察输出电压，当 U_{oL}等于 $U_{o\infty}$的二分之一时，取下电位器，用万用表测量其电阻值，即得输出电阻。

2）实测的输出电阻比估算值大，是怎么回事？

常见有两种可能：第一，测量中某些环节有误，比如读数错误、计算错误、负载电阻与输出电阻偏差太大等；第二，输入信号频率太低或者电容器存在故障，这样，在接入负载后，电容器 C_2将产生一定的压降，使得输出 U_{oL}变小，从式（3.1.3）可以看出，这使得 R_o变大。

3）当接入负载电阻后，输出电压没有任何变化，怎么办？

这里只有一种解释，就是负载没有真正引入。实验中出现过如下几种现象：

① R_L两端的面包板插孔有一个损坏。

② R_L下端的地线插孔没有可靠与地线连通，包括地线断路。

这种故障，说起来很简单，但是学生在实验中却屡屡发问，归根结底是没有掌握故障排除方法，也没有自己查找问题、解决问题的信心。解决方法也很简单，将电源关闭，用万用表的电阻档，仔细测量各个应该连通的点之间，电阻是否为 0。需要注意的是，有些开路故障，由于表笔接触用力，原本没有连接的，在检查时，却是连通的，而一旦结束测量却又故障再现。因此，对付这种可能的开路故障，在检查时，应该使得表笔轻轻接触被测引脚根部。

4）当接入负载后，输出产生了失真，怎么办？

根据教科书内容，当在一个空载放大器上接入负载后，负载线斜率将会变大，此时，原

本不失真的静态工作点，就可能引起输出的失真，这是正常的。另外也说明，此前调整好的最佳静态工作点，可能是在无负载的情况下获得的。有这样一个结论，在空载和有负载的情况下，最佳的静态工作点是不一致的。然而，一个放大器最终是要引入负载并向负载提供放大后的信号，因此，最佳静态工作点应该在含有负载情况下调整，并且这个负载应该是放大器正常工作时的负载。

因此，如果出现上述问题，并且可以确定此前的静态工作点是在空载时调整的，那么则需在有合适负载的情况下，重新调整静态工作点。

在有负载的情况下，获得了最佳的静态工作点，当测量输出电阻时，需要去掉负载，此时是否也有可能造成输出的失真，如果有，又该怎么办呢？请学生自己思考。

5. 频率特性的测量

本实验提供的电路，存在耦合电容 C_1、C_2。这两个电容对低频信号都有阻断作用。在实验前，就应该知道，在一个相当宽的频率范围内，本放大器的电压放大倍数基本不变，称之为中频放大倍数。并且，随着输入信号频率的降低，本放大器的电压放大倍数也在降低。当不断降低输入信号频率，使得电压放大倍数为中频放大倍数的 0.707 倍时，记录此时的输入信号频率，即为该电路的下限截止频率 f_L。依照对应的方法增加输入信号频率，还可以找到上限截止频率 f_H。但是由于本电路的 f_H 较大，对设备要求较高，本次实验只进行下限截止频率的测量。

中频电压放大倍数的测量：对本电路进行估算，可以知道其下限截止频率大约在几十赫兹，因此，可以选取 10 倍于 f_L 的值作为输入信号频率的起点，然后依次以 1、2、5 倍数增加频率，分别测量其放大倍数，当从测量值上看不出频率变化引起的电压放大倍数变化时，说明输入信号频率已经进入中频段，此时的电压放大倍数即为中频电压放大倍数。

下限截止频率的测量：为了提高测量效率，一般将测量过程分为两步，首先粗测，保持输入信号幅度不变，调节其频率，在示波器上观察输出信号幅度，当其为中频输出幅度的 0.7~0.8 倍时，进入细测，细调输入信号频率，用晶体管毫伏表分别测量输入、输出信号的有效值，计算的电压放大倍数为中频放大倍数的 0.707 倍时，记录此时的输入信号频率（可以用频率计、信号源频率显示或者示波器目测获得），即为下限截止频率。

实际上，对于一个已知是一阶高通的放大电路，只要利用自己认为合适的方法，调节输入信号频率，使得该频率下，电压放大倍数是中频电压放大倍数的 0.707 倍，这个频率就是下限截止频率。而对于一个不能完全肯定其频率特性的电路，通常要结合粗测和细测，描绘出电路的幅频特性和相频特性。

本实验仅要求测量电路的下限截止频率。

注意，对频率特性的测量，应该在有负载的情况下进行。

实验中的难点和经常出现的问题、故障如下：

1）无论怎样调整，都不能使电压放大倍数为中频放大倍数的 0.707 倍，总是在附近波动，怎么办？

大家知道，所谓的 0.707 也是 $\frac{1}{\sqrt{2}}$ 的一个近似。这里就涉及到底取多少位有效位数的问题。在本实验中，指针式仪表（比如毫伏表）有视觉测量误差，频率读数有测量误差，这些都导致过高的要求$\frac{1}{\sqrt{2}}$的有效位数是毫无意义的。一般来说，对于本实验的要求，测量计算后的电压放大倍数只要在0.7～0.71倍之间，就可以了。即便如此，同学们在测量此时的信号频率时，会发现频率显示波动较大，一方面是信号源本身的输出频率就不稳定，另一方面可能是测量电路不稳定，所以，只能读出一个近似的值。

2）在频率特性测试中，通常要求一个放大电路的输入信号幅度不变，而仅有频率改变。由于信号源的输出一般作为放大电路的输入，那么，对于一个信号源，仅改变其输出信号频率，可以认为其输出信号幅度不变吗？

不可以。多数信号源，可以做到频率与幅度的单独调节，也就是互不影响。也有一些信号源，当单独调节输出频率时，其输出幅度会发生微小的变化。因此，简单地认为，对于任何信号源，在任何情况下，频率和幅度互不影响，是不正确的。因此，在实验中，必须在调节输出频率后，再次测量输出幅度（用毫伏表测量有效值）。

3）当只有一个晶体管毫伏表，测量放大倍数时，需要2次测量获得放大电路的输入和输出幅度。我们已经知道每次测量需要示波器并联观察。那么当这套测量机构并接在放大电路的输入端时，毫伏表和示波器的输入电阻是否会影响输入信号的幅度？

基本不影响。这个问题至少表明学生认识到测量设备对原电路的工作是有影响的。一个放大电路在正常工作时，当将测量设备引入到输出端时，获得了输出电压U_{o1}，此时的输入电压为U_{i1}，而只要计算$A_u=\frac{U_{o1}}{U_{i1}}$，就可以获得电压放大倍数。但是，由于只有一个毫伏表，不能在获得U_{o1}的同时获得U_{i1}。因此，必须将测量设备从输出端卸掉，加在输入端，获得的输入电压为U_{i2}，并且认为$U_{i2}=U_{i1}$，进而用$A'_u=\frac{U_{o1}}{U_{i2}}$表示放大倍数。严格说，这种方法是不准确的。

但是，如果认为$U_{i1}=U_{i2}$，上述测量方法还是可行的。问题是，测量设备的引入，是否会引起输入信号幅度的明显变化？考虑这个问题，需要研究信号源输出电阻、测量设备输入电阻、电路输入电阻之间的关系。图3.1.6给出了测量设备并接入放大电路输入端的示意图。图3.1.6a不接测量设备，图3.1.6b接入测量设备。

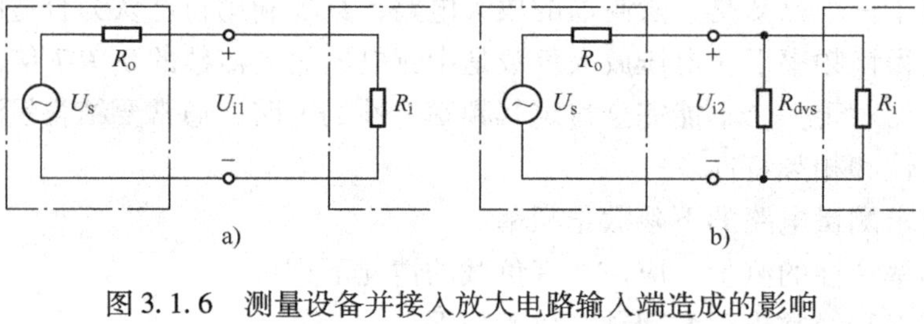

图3.1.6　测量设备并接入放大电路输入端造成的影响

根据图3.1.6，可以得出如下表达式：

$$U_{i1}=U_s\frac{R_i}{R_o+R_i}\qquad U_{i2}=U_s\frac{R_i//R_{dvs}}{R_o+R_i//R_{dvs}}$$

对于一般的信号源，其输出电阻R_o为50Ω。对于本电路，其输入电阻R_i为1kΩ左右。R_{dvs}为示波器和毫伏表的并联输入电阻，一般为MΩ数量级。从U_{i1}和U_{i2}的表达式可以看出，在这种情况下，两者的区别很小。因此，示波器和毫伏表在输入端的并接，并不会给测量带来影响。

3.1.4 实验报告要求

本实验的实验报告包括预习报告、原始数据记录和总结报告三部分。总结报告的主要内容如下：

1）以图 3.1.1 所示的电路为样板，给出从晶体管 β 测量开始，到最终电路的设计、搭接的过程。

2）记录并分析静态工作点的调节过程。

3）记录放大倍数的测量过程，并与估算值进行比较，分析其误差原因。

4）记录输入电阻的测量过程，并与估算值进行比较，分析其误差原因。

5）记录输出电阻的测量过程，并与估算值进行比较，分析其误差原因。

6）记录下限截止频率的测量过程，并与估算值进行比较，分析其误差原因。

7）通过实验，你对单管放大电路有什么新的认识?

8）假设你是一个科学家，处在 20 世纪中叶，当时也有这些先进设备，你通过自己的努力完成了本次实验。请用 500 字左右，向世人陈述你今天的实验成果，并对这些实验结论可能引起的应用做推论。

3.2 含负反馈的多级晶体管放大电路

3.2.1 实验目的

1）构建多级共射极放大电路，对静态工作点、放大倍数进行调节，使其满足设计要求。

2）对多级放大电路的放大倍数、输入电阻、输出电阻和频率特性等进行测量。

3）在上述开环多级放大电路中引入电压串联负反馈。

4）对负反馈电路的放大倍数、输入电阻、输出电阻和频率特性等进行测量，并与开环放大电路进行比较。

5）更换第一级放大电路的晶体管，观察负反馈的影响。

3.2.2 实验思路

3.1 节介绍的是一个最简单的单级晶体管放大电路，教科书上还有另外几种单级晶体管放大电路。由于这些电路都是阻容耦合的，在级联以后，多级之间的静态工作点互不干扰，因此，简单地将多个单级放大电路串联，就可以实现多级放大。这样，从表面看，通过对多个单级放大电路的适当级联，可以实现任意倍数的放大。似乎放大电路已经没有什么可以研究的了。但是，问题并不是这么简单。

同学们在进行晶体管单级放大电路实验后，可能会发现，这样一个看似简单的电路，却蕴涵着复杂性。首先静态工作点与放大倍数是互相影响的，其次，放大倍数与输出电阻也可能互相影响，第三，输入电阻与放大倍数也可能互相影响。这样，就造成了一个现象：在一个已经调试好的放大电路中，晶体管的损坏、要求的改变，都需要对电路参数进行调整，而一旦改变某个参数，设计者就必须全面考虑其他参数的被动改变。这种设计电路的复杂性，对于电路的推广使用，是非常不利的。

比如，一个正常使用了很久的电路，其晶体管损坏了，不要以为简单更换一个晶体管就可以了，而必须在更换上晶体管后，对电路的静态工作点、放大倍数、输入输出电阻和截止频率等参数，进行全面的重新调整，这是相当麻烦的。多级晶体管放大电路更是如此。

在电路中引入负反馈，可以解决这个问题。从教科书的结论可知，在多级放大电路中引入深度负反馈，可以使整个电路的电压放大倍数仅仅与两个电阻有关，其中晶体管的更换几乎不会给整个电路性能带来什么影响。也就是说，其电压放大倍数的稳定性获得了大幅度的提高。

负反馈的引入还可以给放大电路带来其他影响。比如可以扩展电路的通频带，以降低下限截止频率、提高上限截止频率；可以降低环内器件的噪声；可以改善环内器件引起的非线性；可以方便地改变输入输出电阻等。

本次实验是一个验证性实验，其基本思路是：先构建一个多级晶体管放大电路，并进行测量，注意体会其中存在的问题。然后在此电路中引入深度负反馈，观察负反馈的引入对放大电路性能的影响，并注意体会引入负反馈带来的好处。

3.2.3 实验内容

本实验要求将 2 个共射极单管放大电路，按照阻容耦合方式进行级联，并在此基础上，由输出端引入电压串联负反馈。对整个电路的要求，一般靠各个放大电路的指标体现。因此，需要事先对单元电路的指标提出要求。本实验中，首先构建一个多级放大电路，并在此基础上引入电压串联负反馈。

1. 多级放大电路

图 3.2.1 为一个 2 级共射极放大电路。与图 3.1.1 所示电路的主要区别是，这个电路具有稳定静态工作点的作用。

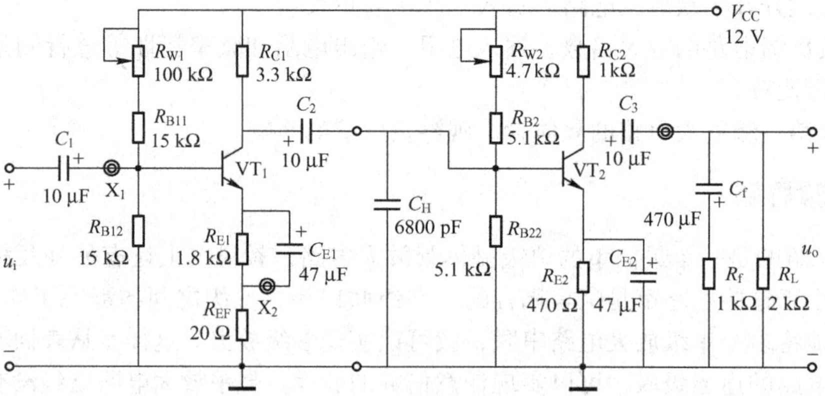

图 3.2.1　稳定静态工作点的 2 级共射极放大电路

第一级和第二级的静态工作点互不干扰，第一级放大电路的静态分析如下，第二级静态分析类推：

$$U'_{B1} = V_{CC}\frac{R_{B12}}{R_{W1} + R_{B11} + R_{B12}}$$

$$R_{B1} = (R_{W1} + R_{B11})//R_{B12}$$

$$I_{BQ1} = \frac{U'_{B1} - U_{BEQ1}}{R_{B1} + (1+\beta_1)(R_{E1} + R_{EF})}$$

$$I_{EQ1} = \frac{U_{EQ1}}{R_{E1} + R_{EF}} = (1+\beta_1)I_{BQ1} = \frac{(1+\beta_1)(U'_{B1} - U_{BEQ1})}{R_{B1} + (1+\beta_1)(R_{E1} + R_{EF})} \approx \frac{U'_{B1} - 0.7}{R_{E1}}$$

$$U_{CEQ1} = V_{CC} - I_{CQ1}R_{C1} - I_{EQ1}(R_{E1} + R_{EF}) \approx V_{CC} - I_{EQ1}(R_{C1} + R_{E1} + R_{EF})$$

$$r_{be1} = r'_{bb} + (1+\beta_1)\frac{U_T}{I_{EQ1}}$$

为了与图 3.2.2 闭环电路对应，图 3.2.1 的 u_o 处并联了两个电阻，但负载电阻仍然是 R_o。取 $R_{LO} = R_f//R_L$，根据晶体管微变等效电路，对放大电路的动态分析如下：

$$A_{u1} = -\frac{\beta_1(R_{C1}//R_{i2})}{r_{be1} + (1+\beta_1)R_{EF}} \quad A_{u2} = -\frac{\beta_2(R_{C2}//R_{LO})}{r_{be2}}$$

$$A_u = A_{u1}A_{u2}$$

$$R_i = [r_{be1} + (1+\beta_1)R_{EF}]//R_{B1}$$

$$R_o = R_{C2}//R_f$$

$$f_{L1} \approx \frac{1}{2\pi[r_{be1} + (1+\beta_1)R_{EF}]C_{M1}} \qquad C_{M1} = \frac{C_1\frac{C_{E1}}{1+\beta_1}}{C_1 + \frac{C_{E1}}{1+\beta_1}}$$

$$f_{L2} \approx \frac{1}{2\pi(R_{C1} + r_{be2})C_{M2}} \qquad C_{M2} = \frac{C_2\frac{C_{E2}}{1+\beta_2}}{C_2 + \frac{C_{E2}}{1+\beta_2}}$$

由于 $C_f \gg C_3$，在计算 f_{L3} 时将 C_f 视为导线，则

$$f_{L3} = \frac{1}{2\pi(R_{C2} + R_{LO})C_3}$$

当 f_{L1}、f_{L2} 和 f_{L3} 相差较大时，f_L 为其中较大的。当 f_{L1}、f_{L2} 和 f_{L3} 接近时，则

$$f_L = 1.15\sqrt{f_{L1}^2 + f_{L2}^2 + f_{L3}^2}$$

$$f_H = \frac{1}{2\pi(R_{C1}//R_{i2})C_H}$$

$$R_{i2} = r_{be2}//R_{B2}$$

根据电路参数和实际调试结果，在晶体管 β 大约为 200 时，整个放大电路的电压放大倍数约为 1000 倍，输入电阻约为 5 kΩ，输出电阻约为 500 Ω，下限截止频率为 200 ~ 300 Hz，上限截止频率约为 30 kHz。当然，上述参数只是一个大致范围，具体指标将与各自电路参数有关。

这些参数的大致范围，为后期引入负反馈带来参数改变提供了对比。可以想象，在后期引入电压串联负反馈后，首先，晶体管的更换将不会导致这个参数的明显变化，放大器的稳定性大幅度提高。其次，上限截止频率将大幅度提高，下限截止频率将大幅度下降，输入电阻将大幅度提高，输出电阻将大幅度下降。这些是我们期望获得的，是否真如理论分析一

样，后面的实验会验证这些。

2. 含电压串联负反馈的共射极放大电路

图3.2.2是在图3.2.1基础上，改变了反馈电阻R_f的连接点，构成的电压串联负反馈电路。

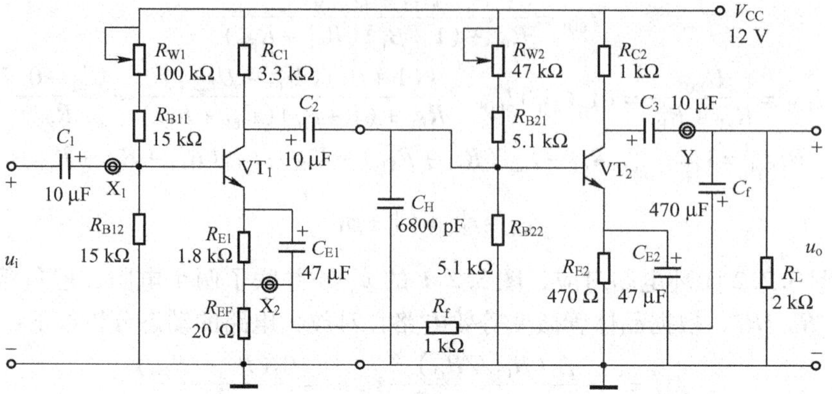

图3.2.2　含电压串联负反馈的2级共射极放大电路

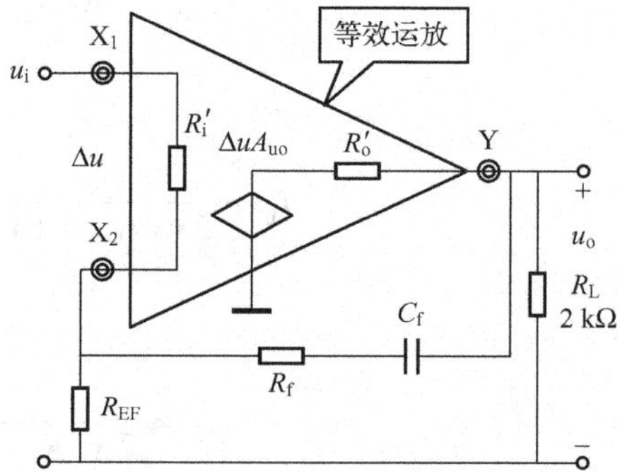

图3.2.3　图3.2.2的等效运放电路

为了更清晰地理解负反馈电路的工作原理，在图3.2.2中用同心圆符号标记了X_1、X_2和Y三个关键点。从信号的流向看，这三个关键点将一个多级放大器包围在内部，这个多级放大器可以用一个等效的运算放大器表示。根据瞬时极性法，可以判断出等效运放的正输入端为X_1、负输入端为X_2、输出端为Y。这样，这个复杂的电路就可以用图3.2.3的简化图替代，并且其中等效运放的参数为

$$A_{uo}=A_u=A_{u1}A_{u2}$$

$$R_i'=R_i=[r_{be1}+(1+\beta_1)R_{EF}]//R_{B1}$$

$$R_o'=R_o=R_{C2}//R_f$$

因此，在等效运放的外围，通过C_f、R_f、R_{EF}引入电压串联负反馈，将使得整个反馈放大电路的性能发生根本的改变：

$$F=\frac{R_{EF}}{R_{EF}+R_f}=\frac{20}{20\ \Omega+1000\ \Omega}\approx\frac{1}{50}$$

$A_{uf}=\dfrac{u_o}{u_i}\approx\dfrac{1}{F}=1+\dfrac{R_f}{R_{EF}}=51$，说明闭环（含负反馈）电压放大倍数几乎仅与外接电阻有关，晶体管的更换等几乎不会影响其放大倍数。这就是负反馈对增益稳定性的影响。

$R_{if}=(1+A_{uo}F)R_i'$，说明串联负反馈输入电阻成倍地增加。

$R_{of}=\dfrac{1}{1+A_{uo}F}R_o'$，说明电压负反馈输出电阻成倍地减小。

$f_{Lf}=\dfrac{1}{1+A_{uo}F}f_L$，说明负反馈使得下限截止频率成倍下降。

$f_{Hf}=(1+A_{uo}F)f_H$，说明负反馈使得上限截止频率成倍提高。综合说明，引入负反馈后，信号通频带获得了较大的扩展。

从上述分析可以看出，负反馈的引入，的确改变了放大器的许多性能。学生自己可以在实验中对开环放大器（无负反馈）和闭环放大器（有负反馈）的性能进行对比，体会负反馈的强大作用。

3.2.4 实验步骤

1. 多级放大电路实验

按照图3.2.1，在面包板上搭接电路。然后分别完成如下任务：

（1）静态工作点的初步调节

将图3.2.1中C_2的右端作为输出端，依据3.1节中静态工作点调节方法，对第一级放大电路进行静态工作点调节，使第一级放大电路具有最大的动态范围。

在图3.2.1中，将C_2左端断开，输入信号从C_2左端引入，输出在R_L端，依据3.1节中静态工作点调节方法，对第二级放大电路进行静态工作点调节，使第二级放大电路具有最大的动态范围。

由于两级放大电路之间的静态工作点互不干扰，将C_2恢复连接，即完成了整个多级放大电路的静态工作点的初步调节。

（2）放大倍数的测试和调节

在图3.2.1中的输入端加入小信号。由于要求整个多级放大电路的放大倍数大于1000，为使输出不失真，输入信号幅度大约应为1 mV。有些信号源无法提供这样小的信号，需要在输入端增加一套衰减电路，如图3.2.4所示。

在输出端用示波器观察输出信号，在输出不失真的情况下，用晶体管毫伏表分别测量输入信号U_i、两级输出信号的有效值U_{o1}和U_o，并计算获得各级的电压放大倍数：

$$A_{u1} = -\frac{U_{o1}}{U_i} \quad A_{u2} = -\frac{U_o}{U_{o1}}$$

$$A_u = A_{u1}A_{u2} = \frac{U_o}{U_i}$$

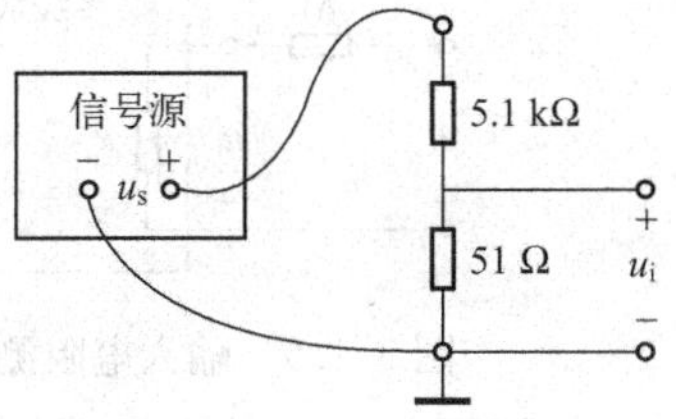

图3.2.4 输入端衰减电路

（3）测量静态工作点和开环电压放大倍数

此时，整个放大电路达到了一个折中状态：第二级的静态工作点为最佳，第一级不是最佳，而整个电路的放大倍数满足要求。由于第一级放大电路输出信号较小，对输出动态范围没有过高要求，其静态工作点不处于最佳状态是可以被接受的。

因此，测量此时的静态工作点和电压放大倍数，作为后期的其他参数测量基础。

开环电压放大倍数的测量方法同上，仍以示波器配合晶体管毫伏表进行测量。

测量静态工作点有两种方法。

第1种，用示波器的DC档测量：将信号源去掉，用示波器的DC档直接测量U_{BQ1}、U_{EQ1}、U_{CQ1}、U_{BQ2}、U_{EQ2}、U_{CQ2}，并记录。这种方法，由于示波器输入阻抗较高，测量时对原电路几乎没有影响，但是缺点是示波器读数不精确。

第2种，用万用表直流电压档测量：将信号源去掉，用万用表的直流电压档分别测量U_{BQ1}、U_{EQ1}、U_{CQ1}、U_{BQ2}、U_{EQ2}、U_{CQ2}，并记录。这种方法的优点是万用表读数比示波器更加准确，但是缺点是有可能对原电路的静态工作点有影响，主要原因是万用表测量电压时的输入阻抗较小，一般为 20 kΩ/V。

对静态工作点的测量，并不要求特别准确，因此，推荐学生使用示波器测量。

（4）测量开环输入电阻

多级放大电路的输入电阻测量方法与 3.1 节相同。请参阅相关部分。由于在小信号下，测量误差较大，可以考虑适当增加输入信号幅度。多数情况下，增加少许输入信号，就有可能使得第二级输出产生失真。但是，测量输入电阻时，一定要求多级放大电路所有输出都不能失真吗？不是。只要保证第一级输出不失真，测量就是有意义的。

因此，按照图 3.2.5 所示电路，在多级放大电路的第一级非零输入端串入一个电阻 R_1，在观察到第一级输出不失真的情况下，用晶体管毫伏表分别测量 U_s 和 U_i，并计算 R_i：

$$R_i = \frac{U_i}{U_s - U_i} R_1$$

需要注意的是，测量之前最好对 R_i 进行估计，并且选择 R_1 近似与 R_i 相等，这有助于提高测量精度。

（5）测量开环输出电阻

根据输出电阻的定义，按照图 3.2.6 所示电路测量。

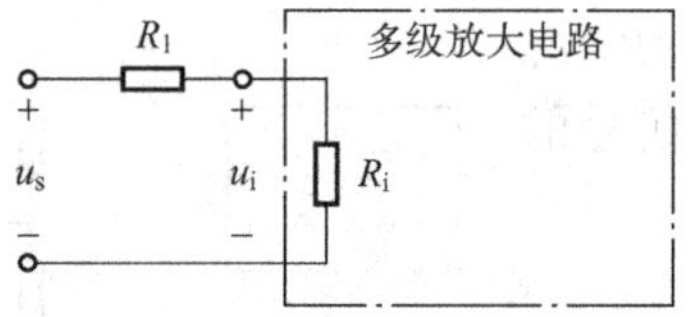

图 3.2.5　输入电阻测量示意图

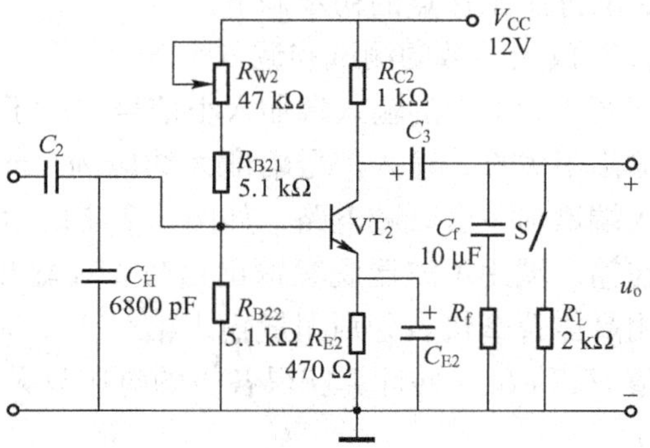

图 3.2.6　输出电阻测量图

断开开关 S，在输入端加入一定频率的正弦信号，观察输出信号，在不失真的情况下，用晶体管毫伏表测量输出电压，记为 $U_{o\infty}$。闭合开关 S，输入信号不变，用晶体管毫伏表测量输出电压，记为 U_{oL}，则输出电阻为

$$R_o = \left(\frac{U_{o\infty}}{U_{oL}} - 1\right) R_L$$

注意到，图 3.2.6 中没有标识，上述文字也没有说明，输入信号到底在哪里加入？实际上，既可以在多级放大电路的第一级加入，也可以将多级放大电路从中断开，在中间加入输入信号，只是要保证一点，即在 S 断开和闭合的情况下，输出信号都没有失真。

（6）测量开环放大电路的频率特性

为了充分体现负反馈对频带的扩展作用，设计电路时必须表现出开环放大电路的上限、下限截止频率，以便与有反馈的闭环电路相比较。图 3.2.1 中的 C_H 就是为了在信号频率较低时（仪器可以测量），表现出上限截止频率的特征。而下限截止频率，主要靠隔直电容 C_1、C_2、C_3，以及旁路电容 C_E 来表现。测量方法与 3.1 节相同。

在图 3.2.1 中，用 3.1 节中介绍的方法，可以获得开环放大电路的下限截止频率 f_L 和上限截止频率 f_H。

实验中的难点和经常出现的问题、故障如下：

1）测量多级放大电路的输入电阻时，为什么不关心后级输出是否失真？

对于一个开环电路来说，后级输出是否失真，不会影响输入电阻的测量结果。

2）测量多级放大电路的放大倍数时，为什么要增加一个衰减电路？

多级放大电路的电压放大倍数较大，为保证最后一级不失真，需要输入信号足够小。当信号源可以提供稳定的小信号，就不需要增加衰减电路。可是我们使用的信号源，在小信号输出时，含有较为明显的噪声。因此，需要增加一个衰减电路。

3）测量多级放大电路的输入电阻时，是否需要增加衰减电路？

在测量输入电阻时，一般要求输入信号不能太大，以至于超出了晶体管输入特性中的近似线性区域。在这种要求下，输入信号可以比测量多级放大电路放大倍数时，要大一些。一般情况下，实验室提供的信号源，对于这种输入信号，其稳定性是可以满足要求的。因此，不需要增加衰减电路。

需要注意的是，将电路拆开后，各级的放大倍数将变成无负载的放大倍数。在连接起来后，总放大倍数要考虑各级之间输出电阻和输入电阻的关系。

2. 含电压串联负反馈的多级放大电路实验

在图3.2.1电路的基础上，将电路修改为图3.2.2。然后完成如下任务：

（1）负反馈放大电路基本功能测试

在对一个负反馈放大电路的性能进行测量之前，保证这个电路的正常工作是重要的。基本功能测试就是这个目的，其测试内容如下：

首先，用示波器大致观察整个电路的电压放大倍数，应该与理论计算大致一样。

其次，在反馈电阻上并联一个相同的电阻，其放大倍数应该下降为原先的0.5倍，这样基本可以肯定反馈支路是正确连接的。

这些测试，基本可以保证这是一个负反馈放大电路，其工作基本正常。

（2）测量闭环电压放大倍数

在图3.2.2的输入端，加入频率约为1 kHz的正弦信号，调节幅度，使得输出尽量较大而不失真。由于引入负反馈后，整个闭环电压放大倍数远比原先开环的小，所以，输入端不再需要分压衰减电路。

用晶体管毫伏表，在示波器监视的情况下，测量输入电压有效值 U_i 和输出电压有效值 U_o，并计算出闭环电压放大倍数 A_{uf}。

（3）测量闭环输入电阻

在图3.2.2的输入端串入一个电阻 R_1，并加入中频段某一频率的正弦信号，图3.2.7是测量方法的示意图。用晶体管毫伏表配合示波器观察，分别测量 R_1 两端的电压有效值 U_s 和 U_i，并计算输入电阻：

$$R_{if}=\frac{U_i}{U_s-U_i}R_1$$

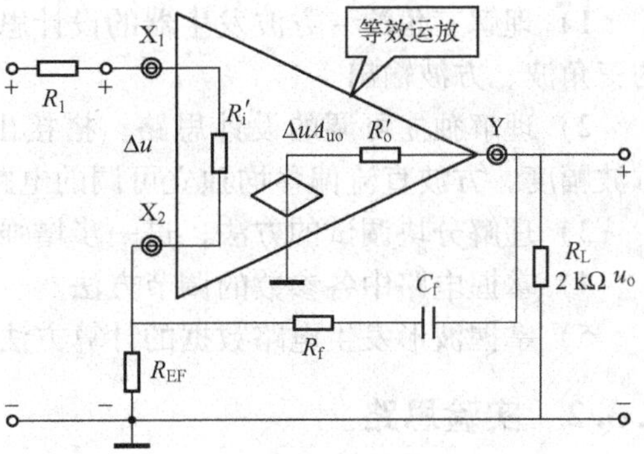

图3.2.7 闭环输入电阻测量示意图

这个输入电阻不同于示意图中的 R_i'，由于串联负反馈的作用，闭环输入电阻要远远大于

R_i'，因此，选择 R_1 时应该注意，尽量保证 R_1 与估算的 R_{if} 相同。

（4）测量闭环输出电阻

闭环电路输出电阻的测量方法与开环相同。需要注意的是，由于闭环电路引入了电压负反馈，使得输出电阻远比开环电路的小，因此，测量带负载输出电压时，应该选择很小的负载电阻，才能表现出负载电阻将输出电压“拉”下来的特性。根据实验原理介绍，本闭环电路的输出电阻大约为几十欧姆，因此，可以选取 R_L 为 20 Ω。

（5）测量闭环电路的频率特性

测量方法与 3.1 节相同。

实验中的难点和经常出现的问题、故障如下：

为什么在获得 R_{if} 后，发现 R_{if} 远小于理论分析的 $(1+AF)R_i$？

注意电路结构，R_{B11}、R_{B12}、R_{W1} 并没有在反馈环内，因此，估算 R_{if} 应该用下式：

$$R_{if}' \approx (1+AF)R_i \qquad R_{if} = R_{if}' // (R_{B11}+R_{W1}) // R_{B12}$$

其他问题请参考 3.1 节。

3.2.5 实验报告要求

本实验的实验报告包括预习报告、原始数据记录和正式报告三部分，正式报告的主要内容如下：

1）记录多级放大电路每一级静态工作点的调节过程，以及整体放大倍数的调节过程。

2）记录开环多级放大电路的放大倍数、输入电阻、输出电阻、频率特性的测量过程和数据，并与估算值进行比较，分析其误差原因。

3）记录含负反馈的闭环放大电路的放大倍数、输入电阻、输出电阻、频率特性的测量过程和数据，并与估算值进行比较，分析其误差原因。

4）对比开环电路和闭环电路，分析负反馈的引入带来的好处。

5）描述在整个实验过程中，遇到的故障和排除过程。

6）通过实验，你对负反馈放大电路有什么新的认识？写一篇心得体会。

3.3 集成运放构成的三角波 - 方波发生器

3.3.1 实验目的

1）理解三角波 - 方波发生器的设计思路，搭接出最简单的电路，获得固定频率和幅度的三角波、方波输出。

2）理解独立可调的设计思路，搭接出频率、占空比、三角波幅度、三角波直流偏移、方波幅度、方波直流偏移均独立可调的电路，调整范围不限。

3）理解分块调试的方法，进一步增强故障排查能力。

4）掌握电路中各参数的调节方法。

5）掌握波形发生电路数据的计算方法。

3.3.2 实验思路

利用集成运放构成的比较器和电容的充放电，可以实现集成运放的周期性翻转，进而在输出端产生一个方波。这个电路如图 3.3.1 所示，它的工作原理请参阅相关教科书。注意在这个电路中，给电容的充电是恒压充电，随着电容电压的升高，其充电电流越来越小，电容电压上升也越来越缓慢。理论分析可知，电容上电压的变化，是一个负指数曲线。因此，这个电路只能实现方波发生。但是，我们注意到，这个负指数曲线在工作过程中是不停地正向充电、反向放电，已经和三角波有些类似。如果能够使得电容上充电电流固定，则其电压的上升或者下降将是线性的，就可以在电容端获得一个三角波。

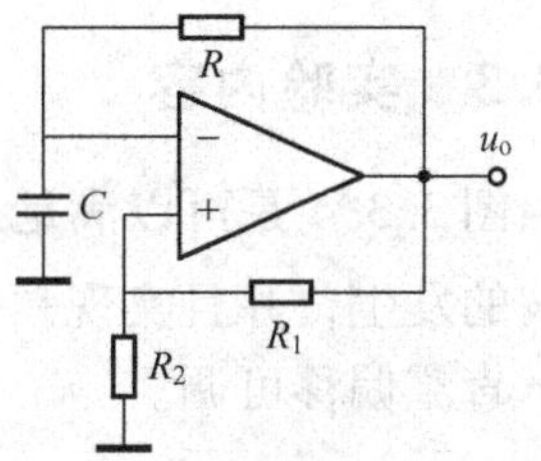

图 3.3.1　运放构成的方波发生电路

我们可以立即联想到这样一个事实：当积分器的输入是固定电压，则其输出是线性上升或者下降的。因此，将图 3.3.1 中的 *RC* 充电电路去掉，用一个积分器替代，并考虑到极性，再增加一级反相电路，就可以实现三角波的产生，如图 3.3.2 所示。

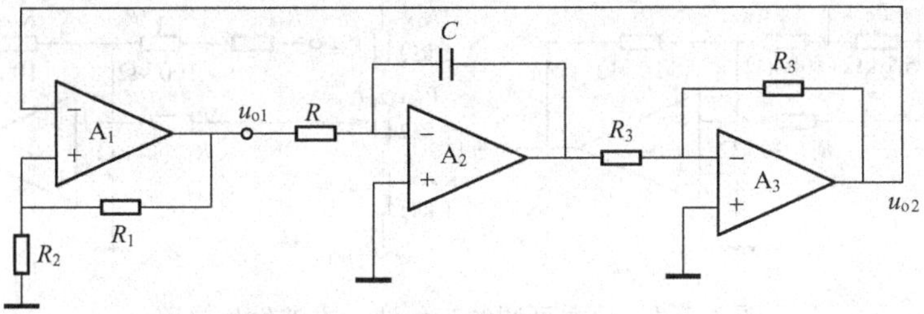

图 3.3.2　三角波－方波发生电路

图 3.3.2 电路使用了 3 个集成运放。电路设计者认为，A_3并不是必须的，因为它仅仅完成了 1 倍的反相放大，这个功能完全可以利用 A_1的输入端极性进行巧妙设计来实现。为了节省 1 个运放，设计者给出了新的电路，如图 3.3.3 所示，它仅使用 2 个运放。

图 3.3.3 所示电路的工作原理，请参阅相关教科书。图中稳压二极管 VZ 和电阻 R_3组成稳压电路，目的是克服运放输出的不对称。

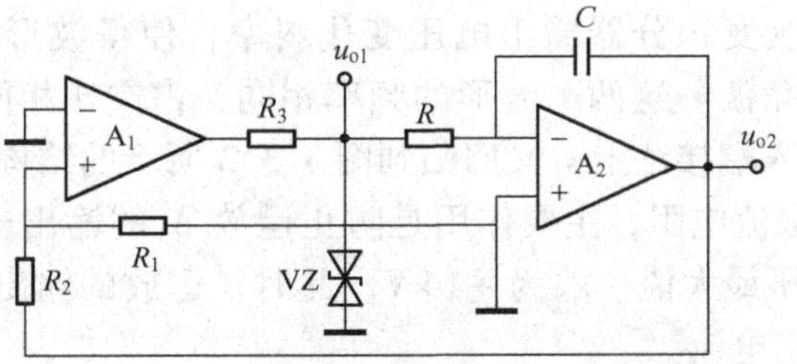

图 3.3.3　实用的三角波－方波发生电路

本实验在实现上述基本电路的基础上，还提出了新的要求。有下列 6 个量：三角波和方波共有的频率、共有的占空比、三角波的幅度、方波的幅度、三角波的直流偏移和方波的直流偏移，其中每个量都由一个独立的电位器控制，当调节某个量时，其他 5 个量不能发生变化。这就是独立可调的要求。

3.3.3 实验内容

图 3.3.4 是可以满足设计要求的最终电路。其中 A_1、A_2、A_3及其附属电路完成三角波、方波的发生，并且实现频率和占空比的可调；A_4、A_5及其附属电路实现三角波和方波的幅度、直流偏移可调。

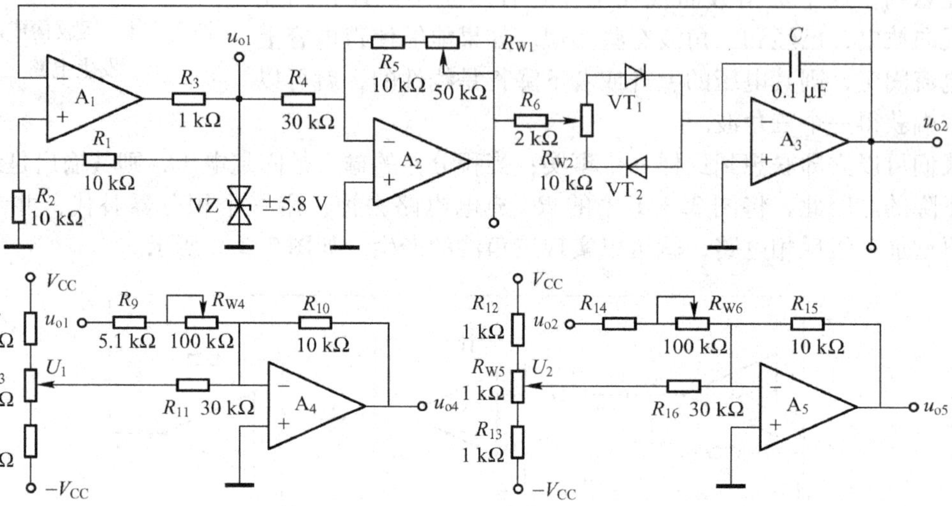

图 3.3.4 独立可调的三角波－方波发生电路

图 3.3.4 电路与图 3.3.3 电路有三点主要的区别：第一，用 R_b、R_{W2}、VT_1、VT_2 组成一个双向电阻值不同的电路，取代图 3.3.3 中的积分器电阻 R，使得积分器工作过程中，正向充电和反向放电的时间常数不一致，三角波上升斜率和下降斜率大小不同，造成方波的占空比不同。需要注意的是，由于用一个电位器调节，无论在什么位置，积分器的正向时间常数和反向时间常数之和，是一个常数，就使得单纯调节 R_{W2}，只改变占空比而不会改变频率。第二，在稳压二极管输出和积分器之间，加入 A_3构成的反相放大器，可以通过 R_{W1} 调节积分器输入电压大小，进而改变积分器输出电压变化斜率，使得波形发生的频率变化。这样，u_{o1}产生方波，u_{o2}产生三角波。这两个波形的频率相同，占空比相同。第三，由于中间引入反相放大器，在 A_1的输入端接法上，又回归到图 3.3.2 所示的结构。

图 3.3.4 中，R_3是限流电阻，主要作用是防止运放 A_1 的输出电流过大。当电源电压为 ±15 V 时，运放输出电压最大值一般为 +14 V，此时，运放的输出电流为(14 − 5.8)/1 k = 8.2 mA，小于其最大输出电流。

图 3.3.4 下方有两套相同的电路，分别完成对两种波形的幅度和直流偏移的调整。以 A_4电路为例，其输入信号是方波（其频率和占空比已经由上部分电路中的 R_{W1} 和 R_{W2} 调整），通过调节 R_{W3}，可以改变输出方波 u_{o4} 的直流偏移，通过调节 R_{W4}，可以改变输出方波 u_{o4} 的幅度。

请学生根据图 3.3.4 电路参数，结合教科书内容，对其输出频率、占空比、幅度和直流偏移量的变化范围进行分析，并在实验中加以验证。

3.3.4 实验步骤

1. 方波发生器

按照图 3.3.1 电路，自行设计电路参数，估算振荡频率和负指数曲线的幅值，并在面包板上完成搭接。用双踪示波器观察电容器电压和运放输出电压的波形，并记录，分析估算值和实测值的一致性，认真体会这个电路为什么能够振荡。

实验中的难点和经常出现的问题、故障如下：

1）某同学用示波器观察电容器上电压波形，发现是三角波，而不是负指数曲线，这是为什么？

在图 3.3.1 中，如果 R_1和 R_2形成的分压电路，其分压比很小，将使得给电容充电时间很短，就达到了比较点，造成负指数曲线还没有显示出其“弯曲”的特点，就开始反向充电。看起来，很像三角波。

调节分压比，可以观察到比较完整的负指数曲线。

2）有几种方法可以改变输出信号的频率？

① 改变比较点，可以改变频率，这可以通过调节 R_1或者 R_2实现。

② 改变充放电时间常数，也可以改变频率，这可以通过调节 R 或者 C 实现。

③ 改变输出方波幅度，也可以改变频率，这可以通过改变电源电压实现。但是，电源电压的调节，必须在运算放大器可以接受的安全范围内，一般为 ±18 V。

3）如果电源电压不对称，输出将发生什么变化？

请自行调节，并认真观察。

2. 三角波 – 方波发生器

按照图 3.3.3 电路，要求输出频率为 1000 Hz，三角波幅度为 ±2.5 V，方波幅度为 ±5 V。设计电路参数，估算振荡频率和幅度，并在面包板上完成搭接。用双踪示波器观察三角波和方波输出电压的波形，并记录，分析估算值和实测值的一致性。

实验中的难点和经常出现的问题、故障如下：

1）电路不起振的主要原因有哪些？

对于这样一个闭环无输入电路，有很多原因都可以使电路不起振。常见的故障原因如下：

① 电路设计故障，比如参数选择不合适、极性不正确等。

② 面包板和元器件接触不良，比如集成运放没有牢靠地插进面包板的针孔内等。

③ 连接线故障，比如某些导线，其外表的塑料套是好的，但是内部的铜线断裂等。

④ 元器件损坏，比如运放损坏、稳压二极管损坏、电容损坏等。

⑤ 其他故障，比如电源未打开、测量点不正确、示波器损坏等。

2）排查这些故障，需要注意哪些问题？

要准确、快速地查找出故障所在，需要注意以下几点：

① 首先需要熟练掌握电路的工作原理，这是查找故障的前提。

② 熟练掌握仪器使用方法。

③ 养成缜密的逻辑思维习惯。

④ 保护现场。

3）振荡器电路故障排查基本步骤是什么？

① 将示波器探头的地线接好，输入选择置于 DC 档，调整示波器的 X 轴扫速为 1 ms/DIV，Y 轴增益为 2 V/DIV，这样，可以保证几乎所有的被观测信号都能在屏幕上显示出来。

② 用示波器再次观察三角波输出，确认输出无振荡。

③ 用示波器探头，分别轻轻接触每个运放的电源引脚，观察是否有正常的供电。

④ 用示波器探头，分别轻触每个运放的输入端和输出端，判断关系是否正确。比如积分器输入是什么，输出应该是什么，看是否符合。如果输入输出关系不符合模块的功能，则此模块损坏。

⑤ 在这样一个闭环中，依据信号的流向，检查一遍，必然可以发现哪里出了问题。

4）电路不起振故障实例 1

某学生电路不起振，教师按照上述排查手段进行，过程见表 3.3.1。

表 3.3.1　电路不起振排查过程

排查动作	预期结果	现　　象	结　　论
检查积分器输出	振荡	+11 V	不振荡，确有故障
检查运放电源	+12 V，-12 V		电源正常
A_1输入		(+) -3.5V，(-)0V	
A_1输出	-11 V（比电源电压稍小）	-11 V	A_1比较器工作正常
稳压二极管输出	-5 V	-5 V	稳压电路正常
积分器输出	+11 V	+11 V	积分电路无异常
A_1正输入端	$\frac{-5+11}{2}\text{V}=3\text{V}$	-3.5 V	R_1和R_2的分压比不正确，说明电阻选择错误

学生自述：在原电路中，$R_1=R_2=10\text{ k}\Omega$。教师检查发现，$R_1=10\text{ k}\Omega$，$R_2=100\text{ k}\Omega$，这样造成积分器输出达到最大，也不能使原本应该翻转的比较器翻转，因此，输出没有振荡。在确认故障后，教师将电阻R_2更换为 10 kΩ，故障排除。

3. 独立可调的三角波－方波发生器

按照图 3.3.4 在面包板上搭接电路。

调节R_{W1}，用双踪示波器观察三角波u_{o5}和方波u_{o4}的波形，并记录，观察频率调节范围与分析估算值的一致性。

调节R_{W2}，用双踪示波器观察三角波u_{o5}和方波u_{o4}的波形，并记录，观察占空比调节范围与分析估算值的一致性。

调节R_{W3}，用双踪示波器观察三角波u_{o5}和方波u_{o4}的波形，并记录，观察方波直流偏移量的变化范围与分析估算值的一致性。特别注意，这个调节对其他波形、其他参数的影响是否存在，以证明其调节的独立性。

调节R_{W5}，用双踪示波器观察三角波u_{o5}和方波u_{o4}的波形，并记录，观察三角波直流偏移量的变化范围与分析估算值的一致性。特别注意，证明其调节的独立性。

调节R_{W4}，用双踪示波器观察三角波u_{o5}和方波u_{o4}的波形，并记录，观察方波幅度的变化范围与分析估算值的一致性。特别注意，证明其调节的独立性。

调节R_{W6}，用双踪示波器观察三角波u_{o5}和方波u_{o4}的波形，并记录，观察三角波幅度的变化范围与分析估算值的一致性。特别注意，证明其调节的独立性。

实验中的难点和经常出现的问题、故障如下：

1）调节 R_{W5}，期望在输出端看到三角波直流偏移量的变化，却发现，u_{o5} 端三角波向上移动了一下，又回到原位置，这是为什么？

这是示波器使用不当，将输入选择开关置于 AC 档造成的。改为 DC 档，故障消失。

2）无论怎样调节 R_{W2}，输出都是一个锯齿波，是什么故障？

可能是图 3.3.4 中的两个二极管，其中一个方向接反了。这就造成，如果正向充电时，两个二极管都导通，充电电阻是 R_{W2_down} 和 R_{W2_up} 的并联，而反向充电时，则两个二极管都不导通，充电电阻为二极管的反向电阻，两种情况下，充电电阻差异很大，调节 R_{W2}，输出始终是锯齿波。

3）甲同学怀疑自己的运放 A 损坏了，将 A 插到乙同学的面包板上，工作却是正常的，乙同学说："别怪运放了，是你的电路有问题。"甲同学不服气，用乙同学面包板上原本工作正常的运放 B，插到自己的面包板上，一切也正常，说明甲同学电路没有问题，甲乙两位同学都困惑了，这到底是怎么回事？

运放没有损坏，电路设计也没有问题。教师将 A 运放插到甲同学的电路板上，也确实工作不正常，用力下压运放，电路工作开始正常。这说明，是因为巧合，A 运放在甲同学的电路板上，需要下压才能保证接触可靠。

4）当频率较高，并且占空比远离 50% 时，可能会出现这样的现象：当通过调节 R_{W1} 增大输出信号频率时，观察到三角波幅度会增加。这是什么原因？

在理论分析时，通常没有考虑运算放大器的输入输出延迟。当输出频率高，并且占空比较大或者较小时，必然有一个方向（充电或者放电）的时间常数很小，导致积分器的输出变化斜率很大，如图 3.3.5 所示的 AB 段。当积分器输出电压在 t_1 时刻到达 A 点，理论上，应该立即引起 u_{o1}、u_{o3} 的翻转，而实际情况是，经过两级运放的延迟，在 t_2 时刻，u_{o3} 才完成翻转。此时，积分器输出电压已经"过冲"到 B 点，就造成了三角波幅度增加。对于相同的运放，其延迟时间是不变的。因此，在相同的 t_2-t_1 时间内，过冲量 u_{AB} 与三角波上升斜率成正比。这就造成，随着频率的增加，OA 段斜率也在增加，过冲量增加，当信号频率较高，占空比远离 50% 时，三角波的幅度增加就比较明显。

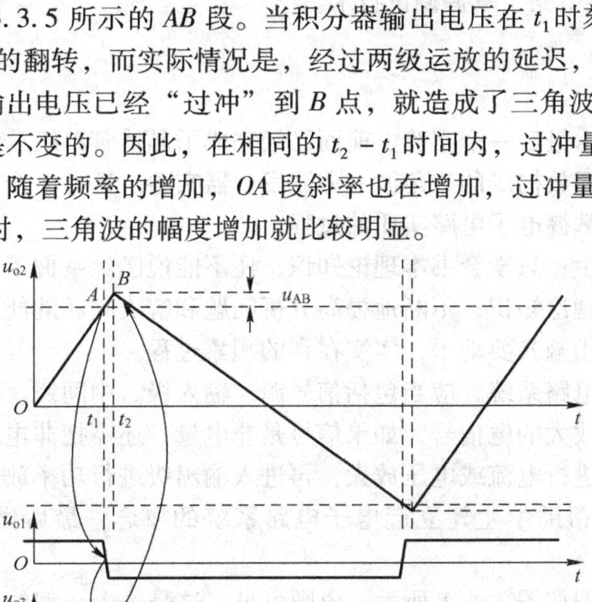

图 3.3.5　运算放大器延迟导致的三角波幅度随频率变化示意图

3.3.5 实验报告要求

本实验的实验报告包括预习报告、原始数据记录和正式报告三部分，正式报告的主要内容如下：

1）给出图 3.3.1 电路的设计参数，记录输出波形，进行估算频率与实测频率的分析。

2）依据实验内容的要求，给出图 3.3.3 电路的设计参数，记录关键点输出波形，进行估算值与实测值的误差分析。

3）按照图 3.3.4 电路参数，记录 6 个电位器在调节过程中，输出波形的变化范围，记录典型波形以及异常现象。分析估算值与实测值的误差。

4）给出在调试电路过程中出现的故障，以及排查方法和结论。

5）写一篇心得体会。

3.4 音响放大器设计

3.4.1 实验目的

1） 了解音响放大器的构成，并组成一个简单的音响放大器。

2） 理解音调控制器、集成功率放大器的工作原理和应用方法。

3） 理解和掌握音响放大器的主要技术指标和测试方法。

4） 根据给出的技术条件和指标，设计音响放大器。

5） 能够独立搭接电路，掌握调试技术。

3.4.2 实验思路

这是模拟电子技术最后一个实验。前面已经完成了晶体管单级放大器、含有负反馈的多级放大电路以及集成运放构成的三角波 - 方波发生器实验。这是一个从简单到复杂，由理性到感性，步步深入地掌握电子电路实质的过程。

实验本身告诉学生：只学会书本理论知识，还不能说已经掌握了电子技术。只有在科学实验中应用所学到的理论知识，不断地提高分析问题和解决问题的能力，才能逐步掌握电子技术。这是一个既要用脑又要动手，实实在在的积累过程。

一个简单的模拟电路系统，应当包括信号源、输入级、中间级、输出级和执行机构。信号源的作用是提供待放大的电信号，如果信号是非电量，还需把非电量转换为电信号，然后进入输入级，中间级进行电流或电压放大，再进入输出级进行功率放大，最后去推动执行机构做某项工作。为了帮助学生建立起电子电路系统的概念，最后做一个音响放大器设计实验。

音响放大器的框图如图 3.4.1 所示。由图可见，这是一个小型的模拟电路系统，集装成箱就是一个小型的电子设备。该实验从侧面使学生了解到电子电路在人们日常生活中和生产实践中的作用，提高了学生学习电子技术的兴趣和自觉性。

3.4.3 实验内容

1. 音响放大器的基本组成

音响放大器的基本组成框图如图 3.4.1 所示。

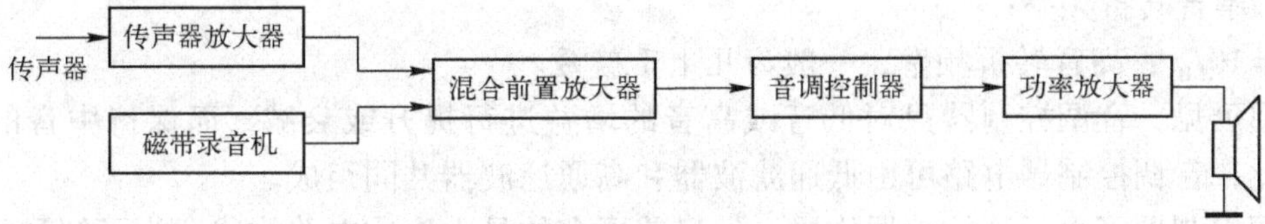

图 3.4.1　音响放大器组成框图

图 3.4.1 所示各部分的作用如下：

(1) 传声器放大器

传声器的作用是把声音信号转换为电信号，通常将输出阻抗低于 600 Ω 的称为低阻传声器，而将输出阻抗高于 600 Ω 的称为高阻传声器。此外，选用传声器时还应考虑频率响应、固有噪声等要求。

传声器放大器的作用是高保真地放大较微弱的声音信号。用作传声器放大器的运放组件除了要求输入失调电压小、低噪声外，还要求其输入阻抗远大于传声器的输出阻抗。一般而言，双极性运算放大器适合于低阻抗传声器，FET 型运算放大器适合于高阻抗传声器。

(2) 混合前置放大器

混合前置放大器的作用是把 CD 唱片或磁带录音机的音乐信号与声音信号进行混合放大，通常可用图 3.4.2 所示的反相加法器电路构成。图中 U_1 和 U_2 分别为上述的音乐信号和声音信号。

(3) 音调控制器

音调控制器的功能是根据需要按一定的规律调节音响放大器输出信号的频率响应，从而达到补偿声学特性、美化音色等目的。它能对音频范围内的若干个频段点分别进行提升和衰减。某一频段点的理想频率特性控制曲线如图 3.4.3 所示，而虚线为实际频率特性控制曲线。

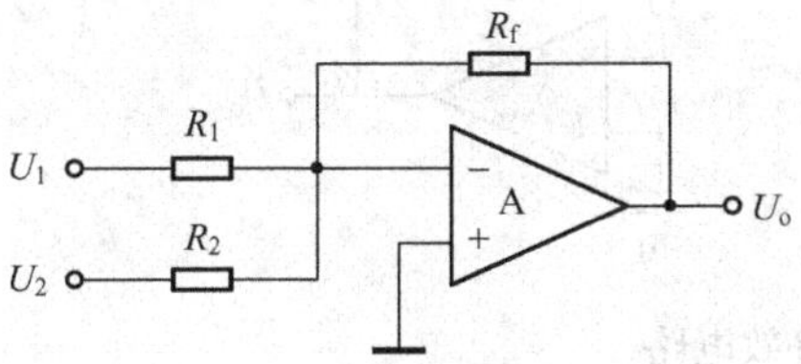

图 3.4.2　混合前置放大器

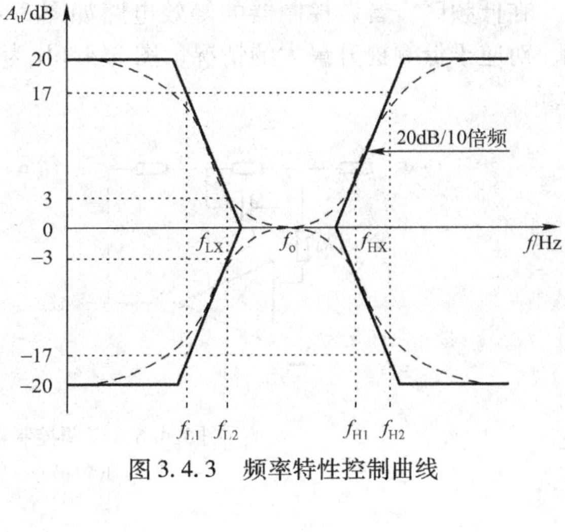

图 3.4.3　频率特性控制曲线

图 3.4.3 中：

$f_o = 1\text{ kHz}$：中音频率（亦称中心频率），要求增益 $A_{um} = 0\text{ dB}$；

f_{L1}：低音转折频率，一般为几十赫兹；

$f_{L2} = 10f_{L1}$：中音转折频率；

f_{H1}：中音转折频率；

$f_{H2} = 10f_{H1}$：高音转折频率，一般为几十千赫兹。

由图可见，音调控制器只对低音或高音的增益进行提升或衰减，而保持中音的增益不变。因此，音调控制器电路可由低通滤波器和高通滤波器共同组成。

音调控制器可由运算放大器构成，但目前更多的是由集成电路构成。为了解和掌握音调控制电路的基本原理和分析方法，下面将图 3.4.4 所示简单实用的音调控制器做比较详尽的分析。

1）中频区频率特性分析。

通常使 $C_1 = C_2 \gg C_3$；$R_1 = R_2$；并使在中频区 C_3 可视为开路，在中、高音频区 C_1、C_2 可视为短路。这样，可绘出中音频区的音调控制器等效电路如图 3.4.5 所示，显然，其电压增益 $A_{um} = 0\text{ dB}$。

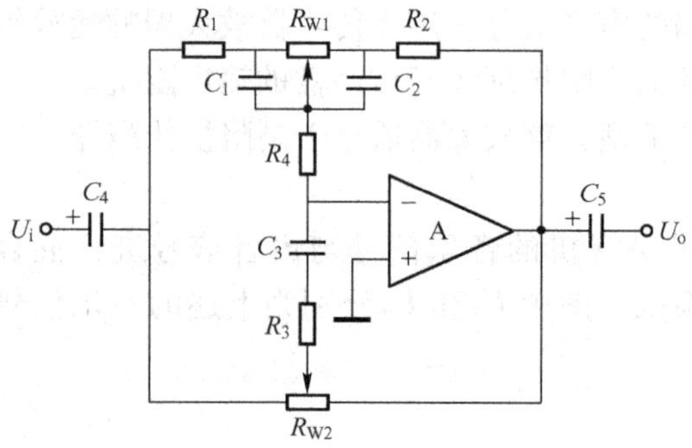

图 3.4.4　由运放构成的音调控制器

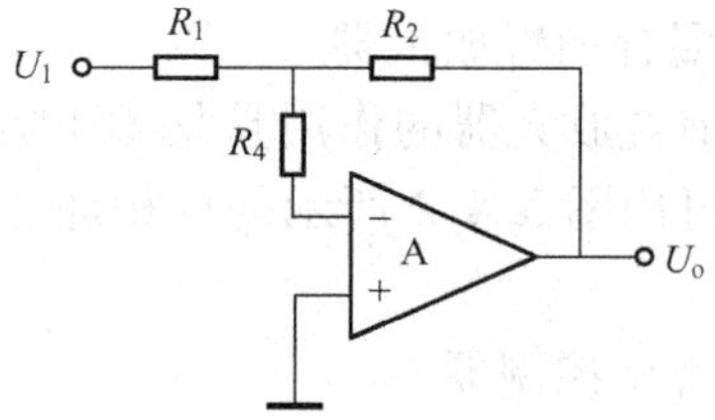

图 3.4.5　音调控制器的中频等效电路

2）低频区频率特性分析。

在低频区，音调控制器的等效电路如图 3.4.6 所示。其中图 3.4.6a 为 R_{W1} 的滑臂在左端，对应于低频提升最大的情况，图 3.4.6b 为 R_{W2} 的滑臂在右端，对应于低频衰减最大的情况。

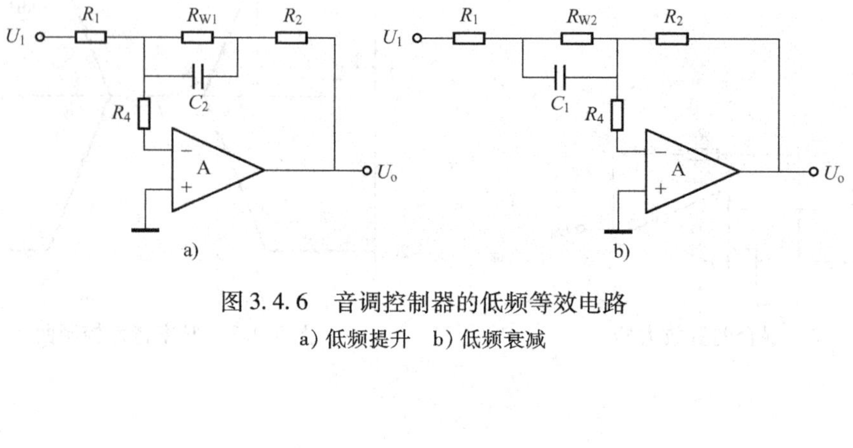

图 3.4.6　音调控制器的低频等效电路

a）低频提升　b）低频衰减

分析表明，图 3. 4. 6a 所示电路是一个一阶有源低通滤波器，其传输函数表达式为

$$\dot{A}(\mathrm{j}\omega)=\frac{\dot{U}_{\mathrm{o}}}{\dot{U}_{\mathrm{i}}}=-\frac{R_{\mathrm{W1}}+R_2}{R_1}\frac{1+\mathrm{j}\dfrac{\omega}{\omega_2}}{1+\mathrm{j}\dfrac{\omega}{\omega_1}} \tag{3.4.1}$$

式中

$$\omega_1=\frac{1}{R_{\mathrm{W1}}C_2}\quad\left(\text{或}f_{\mathrm{L1}}=\frac{1}{2\pi R_{\mathrm{W1}}C_2}\right) \tag{3.4.2}$$

$$\omega_2=\frac{(R_{\mathrm{W1}}+R_2)}{R_{\mathrm{W1}}R_2C_2}\quad\left(\text{或}f_{\mathrm{L2}}=\frac{R_{\mathrm{W1}}+R_2}{2\pi R_{\mathrm{W1}}R_2C_2}\right) \tag{3.4.3}$$

当$f<f_{\mathrm{L1}}$时，C_2可视为开路，同时，R_4的影响通常可以忽略，即认为R_4支路短路，于是从图 3. 4. 6a 可得电压增益为

$$A_{\mathrm{uL}}=\frac{R_{\mathrm{W1}}+R_2}{R_1} \tag{3.4.4}$$

当$f=f_{\mathrm{L1}}$，考虑到$\dfrac{f_{\mathrm{L1}}}{f_{\mathrm{L2}}}=0.1$，由式（3. 4. 1）可得

$$\dot{A}_{\mathrm{u1}}=\frac{R_{\mathrm{W1}}+R_2}{R_1}\frac{1+0.1\mathrm{j}}{1+\mathrm{j}}$$

其模为

$$A_{\mathrm{u1}}=\frac{R_{\mathrm{W1}}+R_2}{\sqrt{2}R_1}=\frac{A_{\mathrm{uL}}}{\sqrt{2}} \tag{3.4.5}$$

可见电压增益A_{u1}相对于A_{uL}下降了 3 dB。当$f=f_{\mathrm{L2}}$时，由式（3. 4. 1）可得

$$\dot{A}_{\mathrm{u2}}=-\frac{R_{\mathrm{W1}}+R_2}{R_1}\frac{1+\mathrm{j}}{1+10\mathrm{j}}$$

其模为

$$A_{\mathrm{u2}}=\frac{R_{\mathrm{W1}}+R_2}{R_1}\times\frac{\sqrt{2}}{10}=0.14A_{\mathrm{uL}}$$

此时电压增益相对于A_{uL}下降了 17 dB。

由图 3. 4. 3 的实线可以看出，在$f_{\mathrm{L1}}<f_{\mathrm{LX}}<f_{\mathrm{L2}}$的范围内，电压增益的衰减速率为 −20 dB/10 倍频，亦即 −6 dB/倍频。可用同样方法对图 3. 4. 6b 进行分析，并不难得出其增益相对于中频的衰减量。

3）高频区频率特性分析。

在高频区，音调控制器的等效电路如图 3. 4. 7a 所示。为便于分析可先将星形联结的R_1、R_2、R_4转换成三角形联结，转换后的电路如图 3. 4. 7b 所示。

若取$R_1=R_2=R_4$，则可写出转换前后的电阻关系为

$$R_{\mathrm{a}}=R_{\mathrm{b}}=R_{\mathrm{c}}=3R_1=3R_2=3R_4 \tag{3.4.6}$$

调节R_{W2}的滑臂至最左端和最右端时，可将图 3. 4. 7b 所示电路分别绘成图 3. 4. 8a 和图 3. 4. 8b 所示电路。

可以看出，图 3. 4. 8a 所示电路为一阶有源高通滤波器，其传输函数为

$$\dot{A}(\mathrm{j}\omega)=\frac{\dot{U}_{\mathrm{o}}}{\dot{U}_{\mathrm{i}}}=-\frac{R_{\mathrm{b}}}{R_{\mathrm{a}}}\frac{1+\mathrm{j}\omega/\omega_3}{1+\mathrm{j}\omega/\omega_4} \tag{3.4.7}$$

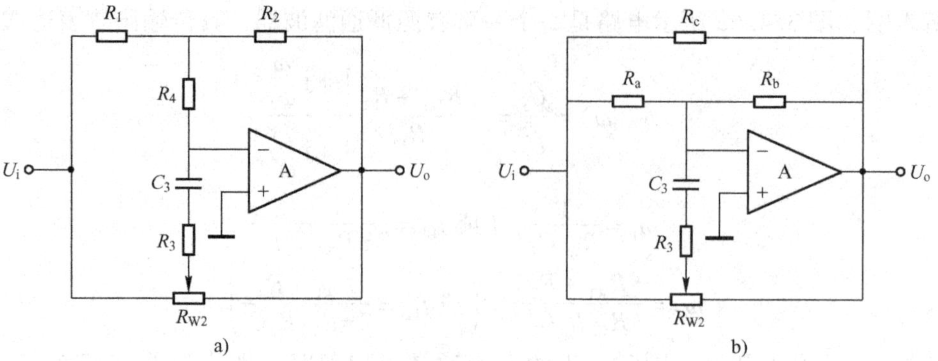

图 3. 4. 7　音调控制器的高频等效电路

a）高频区音调控制器等效电路　b）转换后的音调控制器等效电路

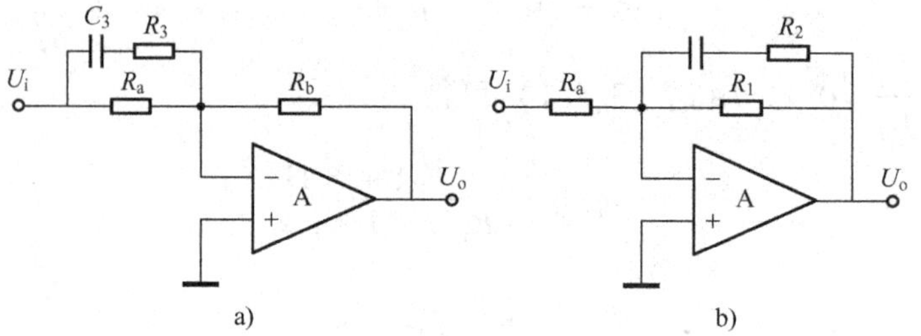

图 3. 4. 8　高频提升/衰减电路

a）高频提升　b）高频衰减

式中

$$\omega_3=\frac{1}{(R_a+R_3)C_3}\quad\left(\text{或}f_{H1}=\frac{1}{2\pi(R_a+R_3)C_3}\right)\tag{3.4.8}$$

$$\omega_4=\frac{1}{R_3C_3}\quad\left(\text{或}f_{H2}=\frac{1}{2\pi R_3C_3}\right)\tag{3.4.9}$$

按上述低频等效电路同样的分析方法，可得下列结果：

$f<f_{H1}$时，C_3 可视为开路，电压增益 $A_{um}=1$（0 dB）；

$f=f_{H1}$时，
$$A_{u3}=\sqrt{2}A_{um}=\sqrt{2}(3\ \text{dB})\tag{3.4.10}$$

$f=f_{H2}$时，
$$A_{u4}=\frac{10}{\sqrt{2}}A_{um}=7.07\ (17\ \text{dB})\tag{3.4.11}$$

$f>f_{H2}$时，C_3 可视为短路，此时电压增益为

$$A_{uH}=\frac{R_a+R_3}{R_3}\tag{3.4.12}$$

由图 3. 4. 3 的右半部实线可以看出，在 $f_{H1}<f_{HX}<f_{H2}$ 的范围内，电压增益的提升速率为 20 dB/10 倍频，亦即 6 dB/倍频。

可用同样的方法对图 3. 4. 8b 进行分析，并不难得出其增益相对于中频的衰减量。

在实际设计时，一般是给出低频区某频率 f_{LX} 处和高频区某频率 f_{HX} 处的提升量或衰减量 X(dB)，再根据以下两式分别求出转折频率 $f_{L2}(f_{L1})$ 和 $f_{H1}(f_{H2})$，即

$$f_{L2}=2^{\frac{X}{6}}f_{LX}\tag{3.4.13}$$

$$f_{H1}=\frac{f_{HX}}{2^{X/6}} \tag{3.4.14}$$

例如，当要求低频区 80 Hz 处有 ±14 dB 的控制范围，则可按式（3.4.13）求出 $f_{L2}=400$ Hz，再按 $f_{L1}=\frac{f_{L2}}{10}$的关系求得 $f_{L1}=40$ Hz。

4）功率放大器

功率放大器是模拟系统的末级电路，在这里功率放大器的作用是给音响放大器的负载 R_L（扬声器）提供所需的输出功率。目前功率放大器是分立元器件和集成电路并存，分立元器件中又是半导体器件与真空管并存。从输出方式看，可分为有变压器输出、无变压器输出（OTL）、无电容器输出（OCL）和无变压器平衡输出（BTL）等。从工作方式则可分为 A 类、B 类、AB 类、D 类和 E 类等。

功率放大器的主要性能指标是输出功率、失真度、信噪比、频率响应及效率等。输出功率通常是指输出的平均功率，有时亦用最大功率、最大额定功率等来表示输出功率指标。失真一般是指由放大器非线性引起的总谐波失真（THD）。

本实验功率放大器采用集成功放电路 TDA2003。其主要特点是电流输出能力强，谐波失真和交越失真小，各引脚都有交直流保护，使用安全。图 3.4.9 是 TDA2003C 的引脚说明图。表 3.4.1 给出了它的电特性参数。

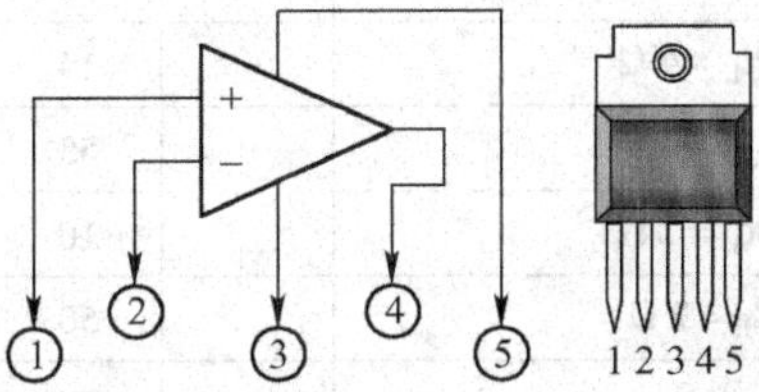

引脚序号	符号	端子名称
1	+IN	同相输入端
2	−IN	反相输入端
3	GND	地
4	OUT	输出
5	V_{CC}	电源

图 3.4.9　TDA2003C 的引脚说明

集成功率放大器 TDA2003C 的典型应用电路如图 3.4.10 所示。各外接元件的参数选择如下：耦合电容 C_1，推荐值为 2.2 μF，如果比推荐值小，在接通或关断电源时会有噪声；抑制纹波电容 C_2，推荐值为 470 μF，如果比推荐值小，将会降低 SVR（电源纹波抑制比）；电源旁路电容 C_3，推荐值为 0.1 μF，如果比推荐值小，有可能发生振荡；输出电容 C_4，推

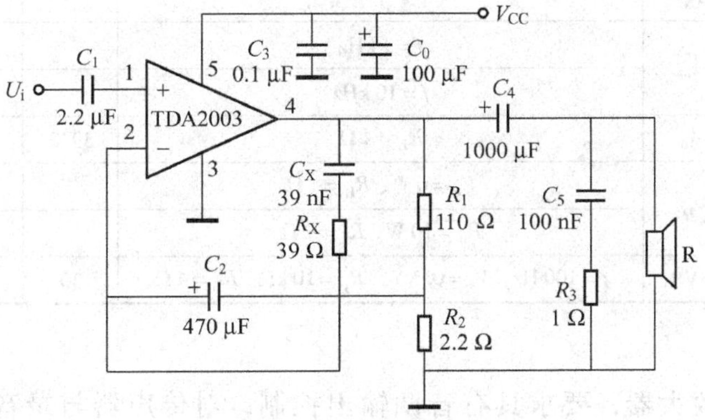

图 3.4.10　TDA2003C 典型应用电路

荐值为1000 μF，如果比推荐值小，下限截止频率会升高；C_5的作用是提高频率稳定性，推荐值为0.1 μF，当比推荐值小时，且输出端有感性负载，有可能产生高频振荡；C_X决定电路的上限截止频率，其推荐值由式$C_X \approx \frac{1}{2\pi BR_1}$决定，其中$B$是带宽，如果$C_X$的取值比推荐值大，则带宽减小，如果$C_X$的取值比推荐值小，则带宽增大；$R_1$用来设置增益，其推荐值由$R_1 = (A_u - 1)R_2$决定，如果比推荐值小，则会增大电流损耗；$R_3$用来提高频率的稳定性，推荐值为1Ω，如果比推荐值小，当输出有感性负载时，有可能产生高频振荡；R_X决定电路的上限截止频率，其推荐值由式$R_X = 20R_2$决定，如果比推荐值大，则有轻微的高频衰减，若比推荐值小，有可能发生振荡。

表 3.4.1　TDA2003 的电特性参数

参　　数	符号	测 试 条 件	最小值	典型值	最大值	单位
电源电压	V_{CC}		8		18	V
静态输出电压	U_o		6.1	6.9	7.7	V
静态电流	I_{ccq}			44	50	mA
输出功率	P_o	THD = 10%，$R_L = 4\,\Omega$	5.5	6		W
		THD = 10%，$R_L = 2\,\Omega$	9	10		W
		THD = 10%，$R_L = 3.2\,\Omega$		7.5		W
		THD = 10%，$R_L = 1.6\,\Omega$		12		W
输出灵敏度	U_i	$P_o = 0.5\,W$，$R_L = 4\,\Omega$		14		mW
		$P_o = 6\,W$，$R_L = 4\,\Omega$		55		mW
		$P_o = 0.5\,W$，$R_L = 2\,\Omega$		10		mW
		$P_o = 10\,W$，$R_L = 2\,\Omega$		50		mW
最大输出电压	U_{im}			300		mV
频响	BW	$P_o = 1\,W$，$R_L = 4\,\Omega$	40		15000	Hz
失真度	THD	$P_o = 0.05 \sim 4.5\,W$，$R_L = 4\,\Omega$		0.15		%
		$P_o = 0.05 \sim 7.5\,W$，$R_L = 2\,\Omega$		0.15		%
输入电阻	R_i	开环　$f = 1\,kHz$	70	150		kΩ
输入噪声电压	u_{NI}			1	5	μV
输入噪声电流	I_{NI}			60	200	pA
开环增益	A_{uo}	$f = 1\,kHz$		80		dB
		$f = 10\,kHz$		60		dB
闭环增益	A_u	$R_L = 4\,\Omega$	39.3	40	40.3	dB
效率	η	$P_o = 6\,W$，$R_L = 4\,\Omega$		69		%
		$P_o = 10\,W$，$R_L = 2\,\Omega$		65		%
电源纹波抑制比	SVR	$f = 100\,Hz$，$V_r = 0.5\,V$，$R_g = 10\,k\Omega$，$R_L = 4\,\Omega$	30	36		dB

2. 设计举例

设计一种音响放大器，要求具有音调输出控制，对传声器与录音机的输出信号进行扩音。

已知条件：电源电压为 +12 V，当输入信号 U_i 为 7.4 mV（有效值）时，输出额定功率为1 W，功放板一块，8 Ω/2 W 负载电阻一只，8 Ω/5 W 扬声器一只。每个实验台配音频输入线一条，耳麦一副。

主要技术指标如下：

① 额定功率：$P_o = 1\ W$（THD < 3%）。

② 负载阻抗：$R_L = 8\ \Omega$。

③ 频率响应：$f_L \sim f_H = 40\ Hz \sim 10\ kHz$。

④ 音调控制器特性：1 kHz 处增益为 0 dB，100 Hz 和 10 kHz 处有 ±12 dB 的调节范围，$A_{uL} = A_{uH} = +20\ dB$。

⑤ 传声器放大器输入电阻：$R_i > 5\ k\Omega$。

设计过程：首先确定整机电路的级数，再根据各级的功能及技术指标要求分配电压增益，然后分别计算各级电路的参数，通常从功放级开始向前逐级计算。需要设计的电路为传声器放大器、混合前置放大器、音调控制器及功率放大器。

根据设计要求，输入信号 U_i 为 7.4 mV 时，输出功率最大值为 1W，因此电路系统的总电压增益 $A_u = \sqrt{P_o R_L}/U_i \approx 380(51.6\ dB)$，各级增益分配如图 3.4.11 所示。功放级增益 A_{u4} 由集成功放块决定，取 $A_{u4} = 50$（34 dB），音调控制级在 $f_o = 1\ kHz$ 时，增益应为 1（0 dB）。传声器级与混合级一般采用运算放大器，但会受到增益带宽积的限制，各级增益不宜太大，取 $A_{u1} = 7.6(17.7\ dB)$，$A_{u2} = 1(0\ dB)$。

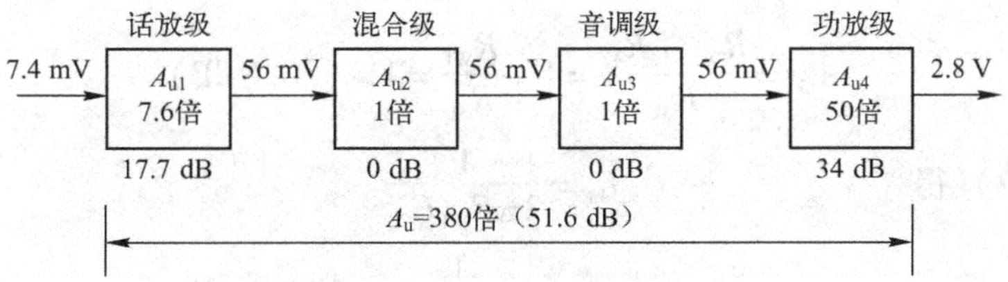

图 3.4.11　各级电压增益分配

（1）功率放大器设计

由于采用集成功率放大器，电路设计变得十分简单，只要查阅资料便可得到功放块外围电路的元件值，如图 3.4.10 所示，由图得到功放级的电压增益为

$$A_{u4} = R_1/R_2 = 50$$

（2）音调控制器（含音量控制）设计

音调控制器的电路如图 3.4.12 所示。

运算放大器选用通用运放 μA741，其中 R_{W1} 和 R_{W2} 为音调控制电位器，其滑臂在最上端时，音响放大器输出最大功率。

由式（3.4.13）和式（3.4.14）得到转折频率 f_{L2} 及 f_{H1} 为

$$f_{L2} = 2^{\frac{X}{6}} f_{LX} = 400\ Hz$$

则

$$f_{L1} = \frac{f_{L2}}{10} = 40\ Hz$$

$$f_{H1} = \frac{f_{H2}}{2^{\frac{X}{6}}} = 2.5\ kHz$$

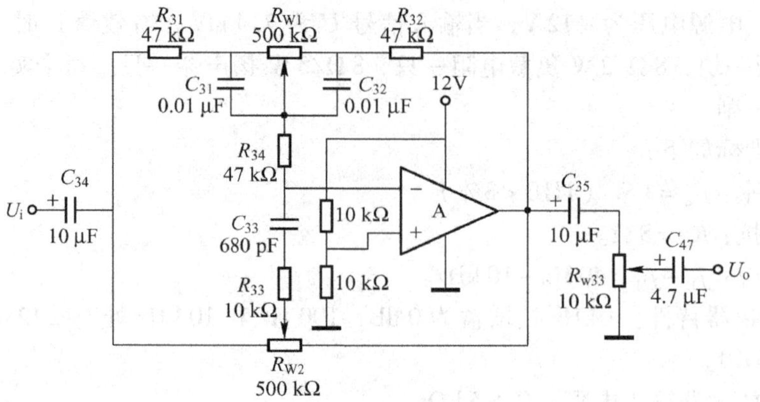

图 3.4.12　音调控制器设计

则　　$$f_{H2}=10f_{H1}=25\ \text{kHz}$$

由式（3.4.4）得

$$A_{uL}=\frac{R_{W1}+R_{32}}{R_{31}}\geqslant 20\ \text{dB}$$

R_{31}、R_{32}、R_{W1}不能取得太大，否则运放漂移电流的影响不可忽略，但也不能太小，否则流过它们的电流将超出运放的输出能力，一般取几千欧～几百千欧。现取 $R_{W1}=470\ \text{k}\Omega$，$R_{31}=R_{32}=47\ \text{k}\Omega$。

则　　$$A_{uL}=\frac{R_{W1}+R_{32}}{R_{31}}=1+\frac{R_{W1}}{R_{31}}=11\ （20.8\ \text{dB}）$$

由式（3.4.2）得　　$$f_{L1}=\frac{1}{2\pi R_{W1}C_{32}}$$

$$C_{32}=\frac{1}{2\pi R_{W1}f_{L1}}=0.008\ \mu\text{F}$$

取标称值 0.01 μF，取 $C_{31}=C_{32}=0.01\ \mu\text{F}$。

由式(3.4.6)得 $R_a=R_b=R_c=3R_1=3R_2=3R_4$，则

$$R_{34}=R_{31}=R_{32}=47\ \text{k}\Omega\quad R_a=3R_4=141\ \text{k}\Omega$$

由式(3.4.12)得　　$$A_{uH}=\frac{(R_a+R_3)}{R_3}\geqslant 20\ \text{dB}$$

则 $R_{33}=\dfrac{R_a}{10}=14.1\ \text{k}\Omega$，取标称值 13 kΩ。

由式（3.4.9）得　　$$f_{H2}=1/(2\pi R_3C_3)$$

则 $C_{33}=\dfrac{1}{2\pi R_3 f_{H2}}=490\ \text{pF}$，取标称值 510 pF。

取 $R_{W31}=R_{W32}=470\ \text{k}\Omega$，取 $R_{W33}=10\ \text{k}\Omega$，级间耦合电容与隔直电容 $C_{34}=C_{35}=10\ \mu\text{F}$。

（3）传声器放大器与混合前置放大器设计

图 3.4.13 所示电路由传声器放大与混合前置放大两级组成。其中 A_1 组成同相放大器，具有很高的输入阻抗，能与高阻传声器配接。作为传声器放大器电路，其放大倍数 A_{u1} 为

$$A_{u1}=1+\frac{R_{12}}{R_{11}}=7.6(17.1\text{dB})$$

运放 μA741 的频带虽然很窄（增益为 1 时，带宽为 1.2 MHz），但这里放大倍数不高，故能达到 $f_H=10\,\text{kHz}$ 的频响要求。

混合前置放大器的电路由运放 A_2 组成，这是一个反相加法器电路，输出电压 U_{o2} 的表达式为

$$U_{o2}=-[(R_{22}/R_{21})U_{o1}+(R_{22}/R_{23})U_{i2}]$$

根据图 3.4.11 的电压增益分配，混合级的输出电压 $U_{o2}=56\,\text{mV}$，而传声器放大器的输出电压 U_{o1} 已经达到了 U_{o2} 的要求，即 $U_{o1}=A_{u1}U_{i1}=56\,\text{mV}$，所以，取 $R_{21}=R_{22}$。录音机输出插孔的信号 U_{i2} 一般为 100 mV，已经远大于 U_{o2} 的要求，所以，对 U_{i2} 要进行适当的衰减，否则输出会产生失真。取 $R_{23}=100\,\text{k}\Omega$，$R_{22}=R_{21}=30\,\text{k}\Omega$，以使录音机输出经混合级后也达到 U_{o2} 的要求。如果要进行卡拉 OK 歌唱，可在传声器放大器及录音机输出端各接一个音量控制电位器 R_{W11}、R_{W12}（见图 3.4.13），分别控制声音和音乐的音量。

以上各单元电路的设计值还需要通过实验调整和修改，特别是在进行整机调试时，由于各级之间的相互影响，有些参数可能要进行较大的变动，待整机调试完成后，再画出整机电路图，本设计整机电路如图 3.4.14 所示。

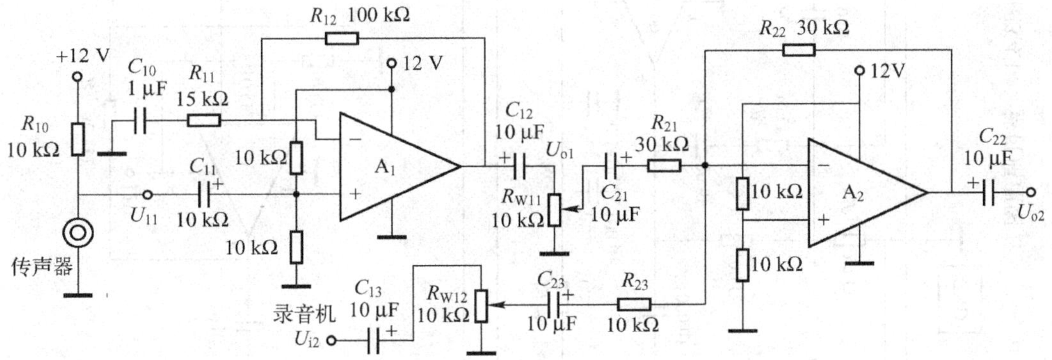

图 3.4.13　传声器放大器与混合前置放大器电路设计

3.4.4　实验步骤

（1）按照图 3.4.14 搭接电路（其中虚线部分为功放板，不用搭接）

（2）传声器放大器与混合放大器的调试

1）直流检查，检查电路连接是否正确，当确认无误后接通直流电源，用数字万用表检查 μA741 第 7 脚是否有 +12 V 直流电压，输出端（第 6 脚）是否有 +6 V 直流电压，如果有说明电路静态正常。否则，要查找原因，使其正常。

2）交流调试，R_{10} 不接，在传声器输入端，即 C_{11} 负端加入 $f=1\,\text{kHz}$、幅值 $U_{i1}=1\sim7.4\,\text{mV}$ 的电压信号，当 U_{i1} 幅值变化时，U_{o1} 跟随做相应的变化，说明电路正常。当 $U_{i1}=7.4\,\text{mV}$ 时，$U_{o1}=7.4\,\text{mV}\times7.6=56\,\text{mV}$，说明放大倍数正常，否则，调整 R_{12} 的电阻值，使 $U_{o1}=56\,\text{mV}$。

将 R_{W11} 调到最下端（接地），U_{i2} 端加入频率 $f=1\,\text{kHz}$、幅值 $U_{i2}=100\,\text{mV}$ 的电压信号，

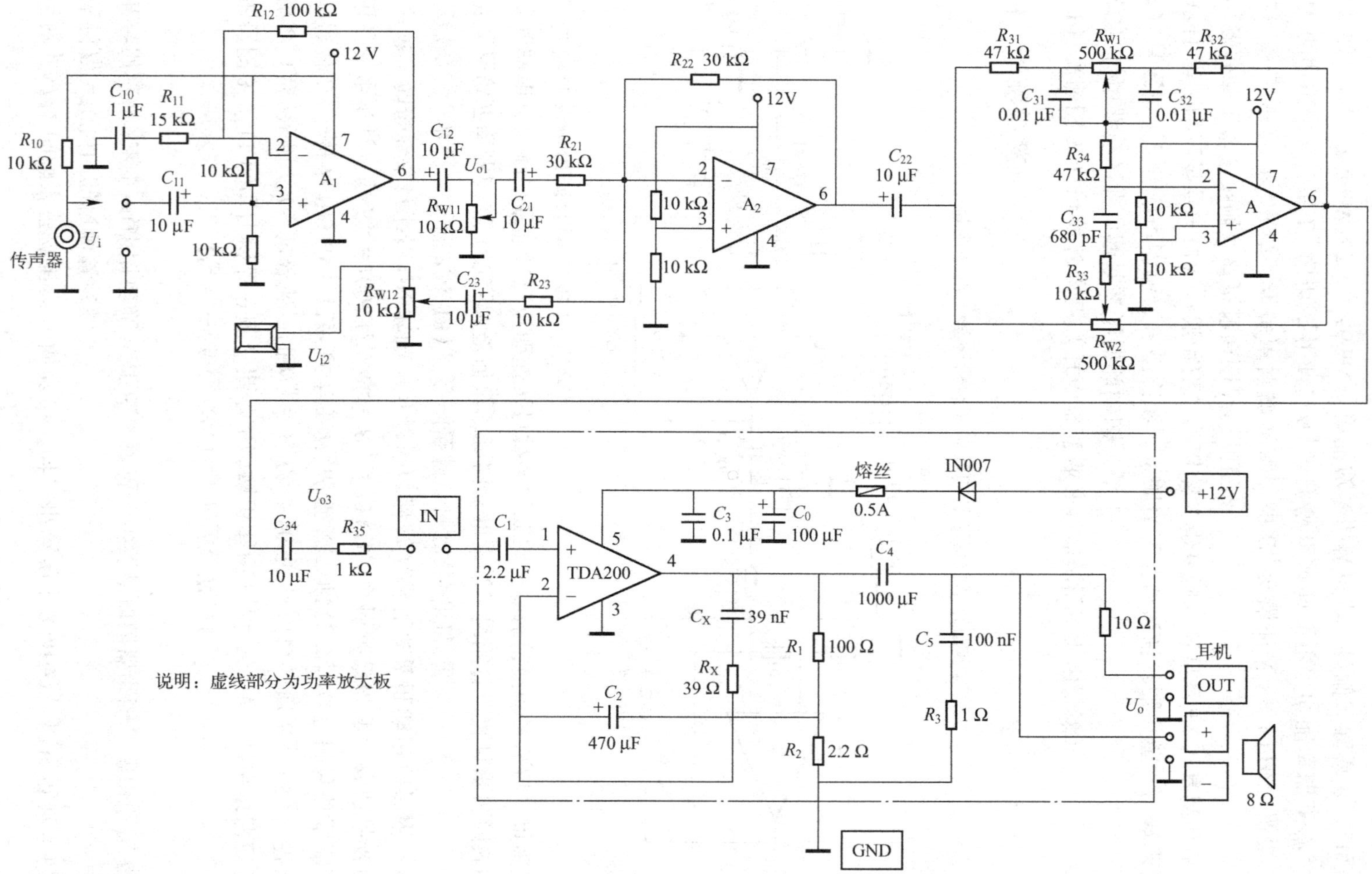

说明：虚线部分为功率放大板

图3.4.14　整机原理图

且将 R_{W12} 调到最上端，当 $U_{o2} = 100\,\mathrm{mV} \times \frac{30}{100} = 30\,\mathrm{mV}$ 时，说明电路的衰减系数正常，否则调整电阻 R_{23} 的电阻值，使其 $U_{o2} = 30\,\mathrm{mV}$。

（3）音调控制器的调试

1）直流调试：同2。

2）交流调试：将 R_{W12} 置于最大值，在 R_{W12} 两端加入频率 $f = 1\,\mathrm{kHz}$、幅值 100 mV 的电压信号，U_{o3} 稍低于 30 mV，电路工作正常。

（4）功率放大器调试

交流调试：在输入端加入频率 $f = 1\,\mathrm{kHz}$、幅值 $U_i = 56\,\mathrm{mV}$ 的电压信号，U_o 应为 2.8 V。说明电路工作正常。

（5）测量主要技术指标

1）额定功率。

音响放大器输出失真度小于某一数值（如 THD < 1%）时的最大功率称为额定功率。其表达式为

$$P_o = \frac{U_o^2}{R_L} \tag{3.4.15}$$

式中，R_L 为额定负载阻抗；U_o（有效值）为 R_L 两端的最大不失真电压。

测量 P_o 的条件如下：信号发生器输出频率 $f = 1\,\mathrm{kHz}$，电压 U_{i1} 从 2 mV 开始逐渐加大到 20 mV 左右，音量控制电位器 R_{W11} 置于最大值，用示波器观测 U_{i1} 及 U_o 的波形。

测量 P_o 的步骤：功率放大器的输出端接额定负载电阻 R_L（代替扬声器），逐渐增大输入电压 U_{i1}，直到 U_o 的波形刚好不出现削波失真（或 THD < 1%），此时对应的输出电压为最大输出电压，由式（3.4.15）即可算出额定功率 P_o，请注意，最大输出电压测量后应迅速减小 U_i，否则会因测量时间太久而损坏功率放大器。

2）频率响应。

放大器的电压增益相对于中音频 f_o（1kHz）的电压增益下降 3dB 时，所对应的低音频率 f_L 和高音频率 f_H 称为放大器的频率响应。测量条件同上，调节音量控制电位器 R_{W11} 使输出电压约为最大输出电压的 50%。此时 R_{W1} 和 R_{W2} 必须放在中间位置。

测量步骤：传声器放大器的输入端接 $U_{i1} = 5\,\mathrm{mV}$，使信号发生器的输出频率在 20 Hz ~ 20 kHz 变化（保持 $U_{i1} = 5\,\mathrm{mV}$ 不变），测出负载电阻 R_L 上对应的输出电压 U_o，用半对数坐标纸绘出频率响应曲线，并在曲线上标注 f_L 和 f_H 的值。

3）音调控制特性。

由 U_{i2} 加入频率 $f = 1\,\mathrm{kHz}$、幅值 = 100 mV 的电压信号，并将 R_{W12} 置于最大值，这时 U_{o2} 作为音调控制器的输入信号（幅度为 30 mV），输出信号 U_{o3} 从输出端耦合电容 C_{34} 的负端引出。

先测频率为 1 kHz 处的电压增益 A_{uo} 约 0 dB，再分别测低频特性和高频特性。

测低频特性：将 R_{W1} 的滑臂端置于最左端，R_{W2} 置于中间位置，频率在 20 Hz ~ 1 kHz 变化，记下对应的电压增益（低频提升），再将 R_{W1} 的滑臂端置于最右端，频率在 20 Hz ~ 1 kHz 变化，记下对应的电压增益（低频衰减）。

同样，测高频特性是将 R_{W2} 的滑臂端分别置于最左端和最右端，R_{W1} 置于中间位置，频

率在 1 ~ 20 kHz 变化，分别对应高频提升和高频衰减，记下对应的电压增益。

最后绘制音调控制器特性曲线，并标记f_{L1}、f_{L2}、f_o（1 kHz）、f_{H1}、f_{H2}频率对应的电压增益。

4）输入阻抗。

从音响放大器输入端（如传声器放大器输入端）看进去的阻抗称为输入阻抗 R_i。R_i的测量方法与放大器的输入阻抗测量方法相同。

5）输入灵敏度。

音响放大器输出额定功率时所需的输入电压（有效值）称为输入灵敏度 U_s。测量条件与额定功率的测量相同，测量方法：使 U_i从零开始逐渐增大，直到 U_o达到额定功率值，此时对应的 U_i值即为输入灵敏度。

6）噪声电压。

音响放大器的输入为零时，输出负载R_L上的电压称为噪声电压 U_N。测量方法：使输入端对地短路，音量电位器为最大值，用示波器观测输出负载 R_L的电压波形，用交流电压表测量其有效值。

7）整机效率。

$$\eta = \frac{P_o}{P_c} \times 100\%$$

式中，P_o为输出的额定功率；P_c为输出额定功率时所消耗的电源功率。

（6）整机功能测试

用 8 Ω/5 W 的扬声器代替负载电阻 R_L，进行如下功能试听：

1）传声器扩音。

将传声器接传声器放大器的输入端。应注意使扬声器的方向与传声器的方向相反，否则扬声器的输出声音经传声器输入后，会产生自激啸叫。讲话时，扬声器传出的声音应清晰，改变音量电位器，可控制声音大小。

2）音乐欣赏。

将录音机输出的音乐信号，接入混合前置放大器，改变音调控制极的高低音调控制电位器，扬声器的输出音调应发生明显变化。

3）卡拉 OK 伴唱。

录音机输出卡拉 OK 伴唱音乐，伴随音乐播放，适当控制传声器放大器与录音机输出的音量电位器，可以控制歌声音量与音乐音量之间的比例。

（7）整机实验电路

整机原理图如图 3. 4. 14 所示。

3. 4. 5 实验报告要求

本实验的实验报告包括预习报告、原始数据记录和正式报告三部分，正式报告的主要内容如下：

1）简述音响放大器每一级的静态调试过程，并记录各级的静态数据。

2）简述各级放大倍数的调节过程，并记录各级放大倍数。

3）记录音响放大器输入电阻、频率特性测试过程和数据，并与设计值进行比较，分析误差原因。

4）记录音调控制器频率特性测试过程和数据，并和设计值进行比较，分析误差原因，绘制音调控制器频率特性曲线。

5）记录输入灵敏度、额定功率的测试过程和数据，并和设计值进行比较，分析误差原因。

6）简述在实验过程中遇到的故障和排除过程。

7）你对这个实验感兴趣吗？你对实验有什么要求和建议，请谈谈体会和想法。

第 4 章　常用仿真软件介绍

4.1　Pspice 仿真软件使用指南

1. 绘制原理图及元器件参数设置

1）打开并绘制新的电路图：双击 Capture CIS 图标，即可进入 OrCAD 主界面，如图 4.1.1 所示。

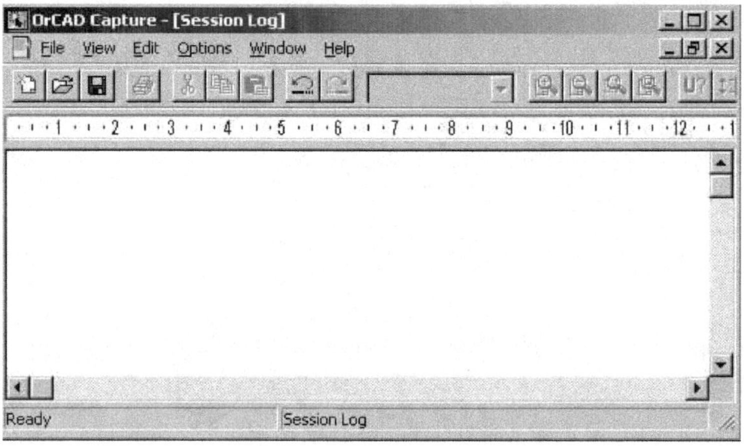

图 4.1.1　OrCAD 主界面

2）在创建新的绘图页之前，必须先建立一个新项目。

选中图 4.1.1 File\new\project 功能，调出 New Project 对话框，如图 4.1.2 所示，在 Name 栏输入项目名。注意，使用 Pspice 仿真，必须选择 Create a New Project Using 栏目对话框中第一项（Analog or Mixed - Signal Circuit），并在 Location 栏输入存盘路径（F 驱动器）及文件夹名（请输入本人学号）。

3）单击确定就可进入绘图区，加入所需要的库文件后，就可以进行原理图编辑，本次仿真实验所用到的元器件如图 4.1.3 所示。

4）元器件选取及参数设置。

① 晶体管在 BIPOLAR 库中，器件名称：Q2N2222。

参数设置方法：激活晶体管，打开 Eidt\pspice model 文本框，修改电流放大系数 $B_f=100$（默认值为 255.9），修改 $V_{je}=0.7\,V$（默认值为 0.75 V），修改基区电阻 $R_b=300\,\Omega$（默认值为 10 Ω）。修改完成后，存盘退出。其他的参数不要随意修改，避免仿真时出错。

② 电位器在 BREAKOUT 库中，元件名称：POT。

参数设置方法：用鼠标双击电位器，打开设置参数对话框，修改 Value 为 100 kΩ（默认值为 1 kΩ），通过设置 set 选项，可实现电位器的阻值调节（默认滑壁处于 50% 处）。

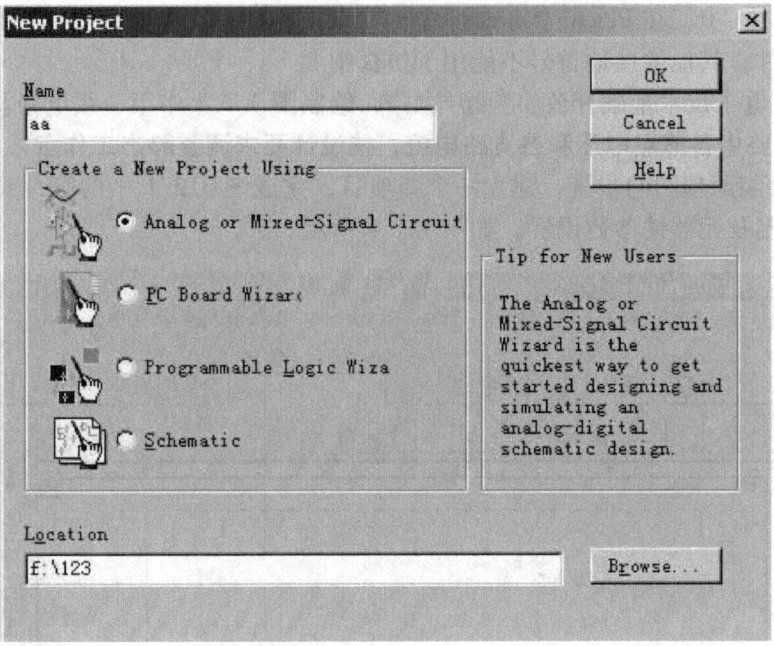

图 4.1.2　New Project 对话框

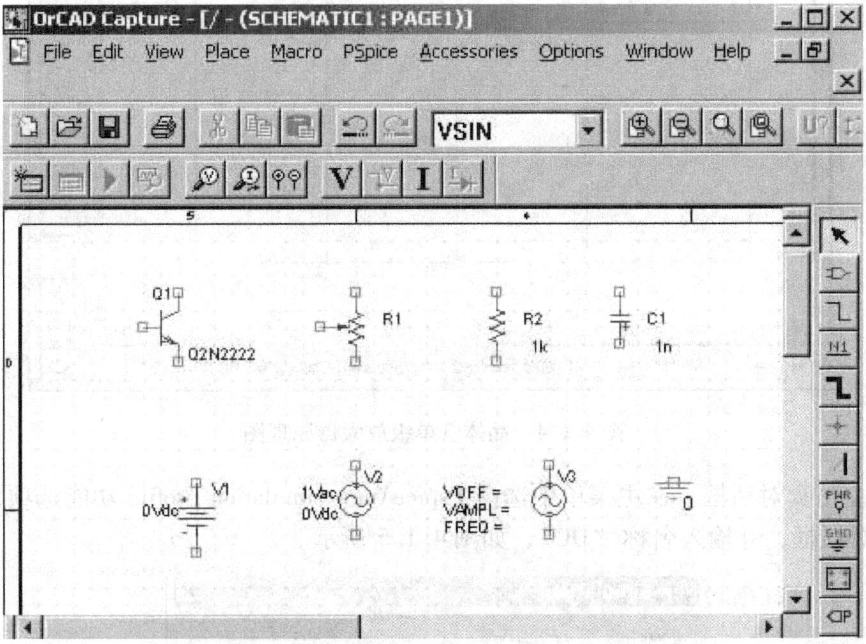

图 4.1.3　仿真实验所用到的元器件

③ 电阻、电容在 ANALOG 库中，需要修改相关的参数，用鼠标单击该参数项，即可打开相应的对话框进行参数设置。

④ 直流电源 VDC、交流电源 VAC、交流信号源 VSIN 均在 SOURCE 库中，参数修改同上。例如，交流信号源 VSIN 设置：幅值 = 10 mV，频率 = 1 kHz，直流偏移量 = 0。

⑤ 接地元件“0”在 Place\Power 库中。特别说明的是，仿真时必须使用带有“0”接地符号的元器件。其他的接地符号不能用于仿真中。

⑥ 参照《电子技术基础开放实验指导书》，绘制图 3.2.1 中第一级电路。

2. 检查电路中各节点电压和各支路电流，按设计要求调整静态工作点

1）参照绘制原理图的步骤，建立一个新项目，完成图 3.2.1 中的第一级晶体管单级放大器原理图绘制及元器件参数设置，如图 4.1.4 所示。

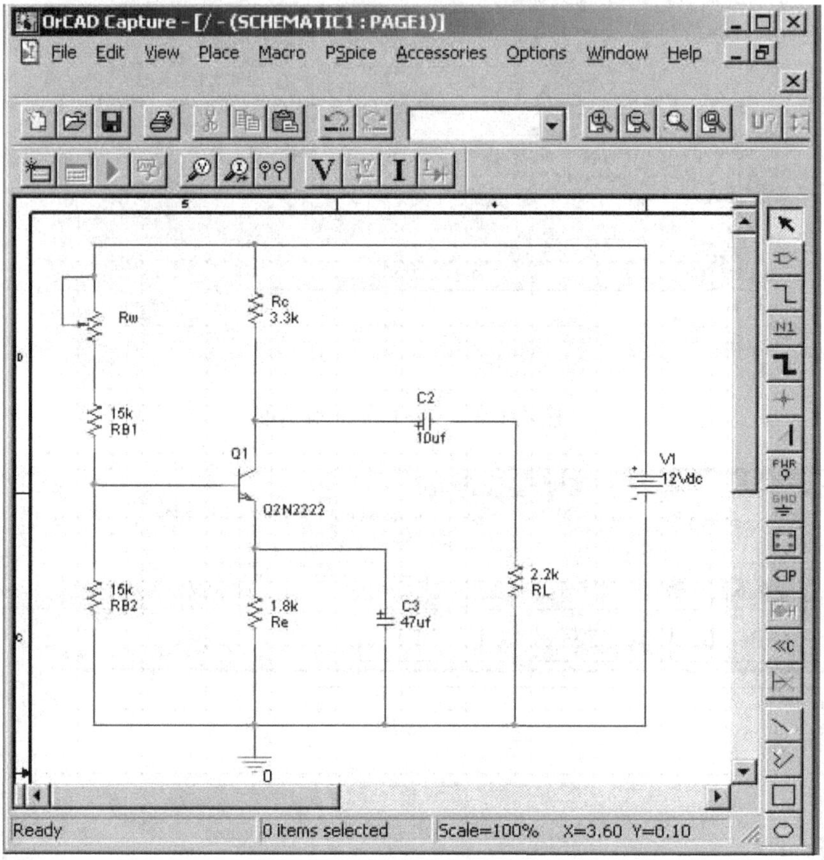

图 4.1.4　晶体管单级放大器原理图

2）建立仿真对话框，在主菜单中选择 Pspice\new simulation profile 功能选项，调出 New Simulation 对话框，并输入名称“DC”，如图 4.1.5 所示。

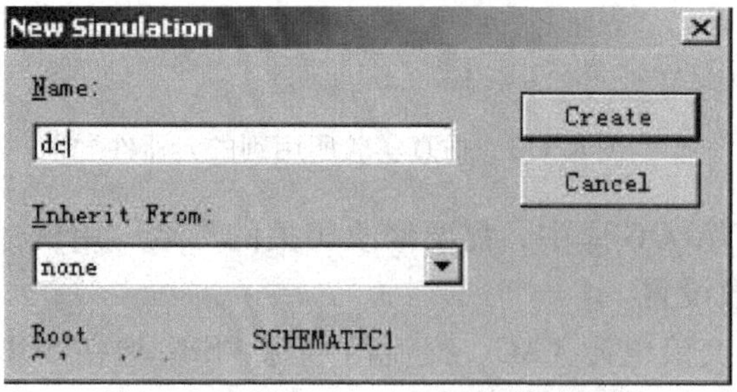

图 4.1.5　New Simulation 对话框

单击建立按钮后，调出 Simulation Setting 对话框，如图 4.1.6 所示。

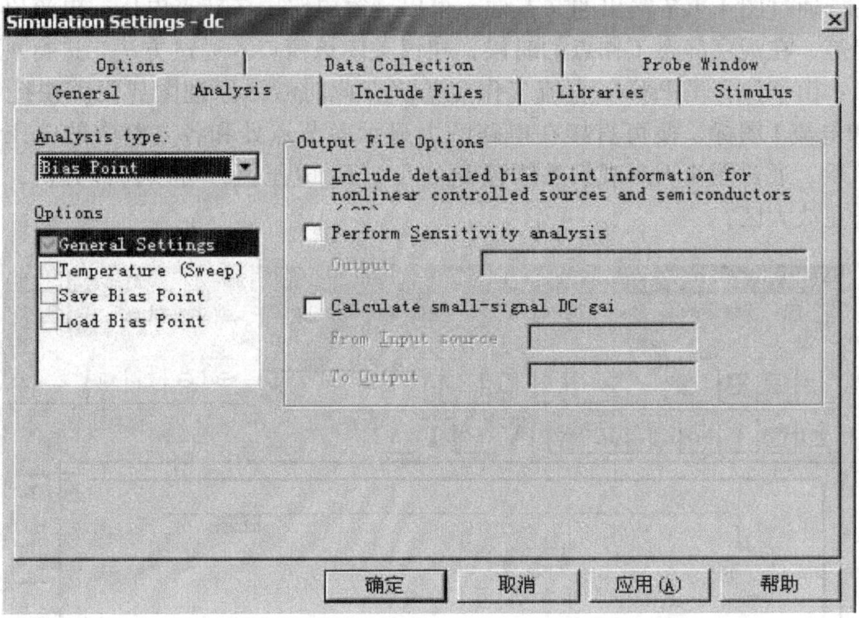

图 4.1.6　Simulation Setting 对话框

3）设置分析类型为 Bias point（直流静态工作点分析），存盘并运行 Pspice\Run，调出 Pspice 文本输出对话框，如图 4.1.7 所示。

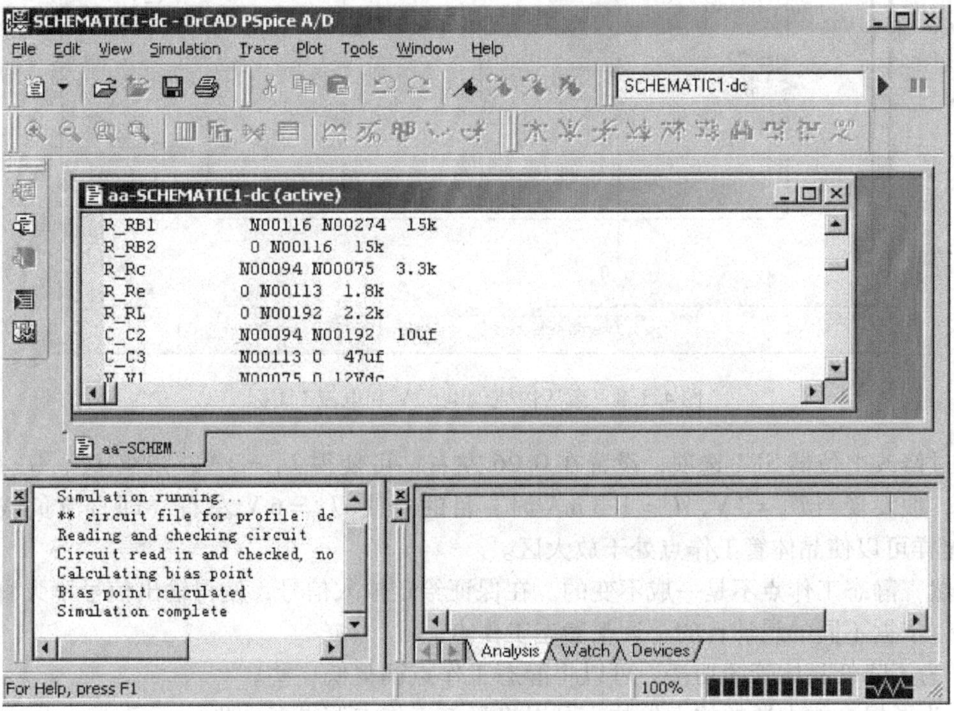

图 4.1.7　Pspice 文本输出对话框

4）通过观察电路中各节点电压和各支路电流，调整静态工作点。

方法一：通过图 4.1.7 输出的文本框，可以观察电路中各节点电压、电流以及电路的其他信息。但是，在观察静态工作点的时候，建议关闭该窗口。通过方法二进行观察。

方法二：由于执行了 Pspice 直流工作点仿真，此时激活原理图界面上快捷键第二行中的电压 V 和电流 I 图标，便可直接在电路图上显示各节点处和各支路中的电压和电流，如图 4.1.8 所示，通过图 4.1.8 观察晶体管 U_b、U_c、U_e 电压值，可以自行分析，此时，晶体管是否工作在放大区？

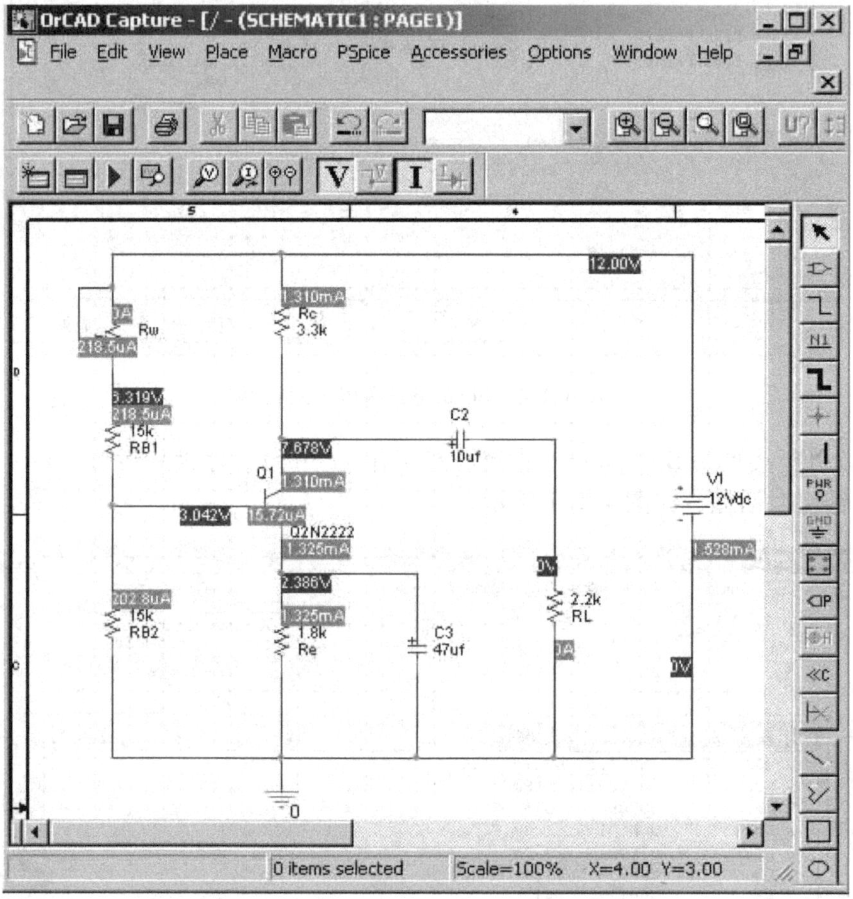

图 4.1.8　激活快捷键电压 V 和电流 I 图标

通过修改电位器 SET 选项，设置在 0.26 左右，可使得 $U_b = 3$ V，观察 U_c、U_e 是多少？仿真后，便发现当 $U_b = 3$ V，$I_c = 1.3$ mA 时，目的是使 $U_{ce} = 6$ V 左右（即直流负载线的中点），这样可以使晶体管工作点处于放大区。

当然，静态工作点不是一成不变的。在保证给定输入信号，使得输出信号不失真的条件下，可以依据不同的设计目的，调整静态工作点。

① 为了降低晶体管的功耗，可以将静态工作点调得低一些。

② 为了提高放大器的放大倍数，可以将静态工作点调得高一些。

③ 为了获得最大的动态范围，需要将静态工作点调在交流负载线的中点。

3. 观察输入与输出电压波形，测量电压放大倍数

1）在图 4.1.4 共射单管放大电路的输入端加入交流信号源 VSIN（交流信号频率：1 kHz，幅值：10 mV），并将其符号更改为 U_s。

定义输入输出电压符号（输入电压 U_i和输出电压 U_o），方法为选择右边垂直工具栏 N1 图标，在弹出的对话框内输入 U_i(网络别名)，将其放置于信号源 U_s 与电容 C_1 之间，同理，给负载电阻与电容 C_2 之间放置 U_o，如图 4.1.9 所示。

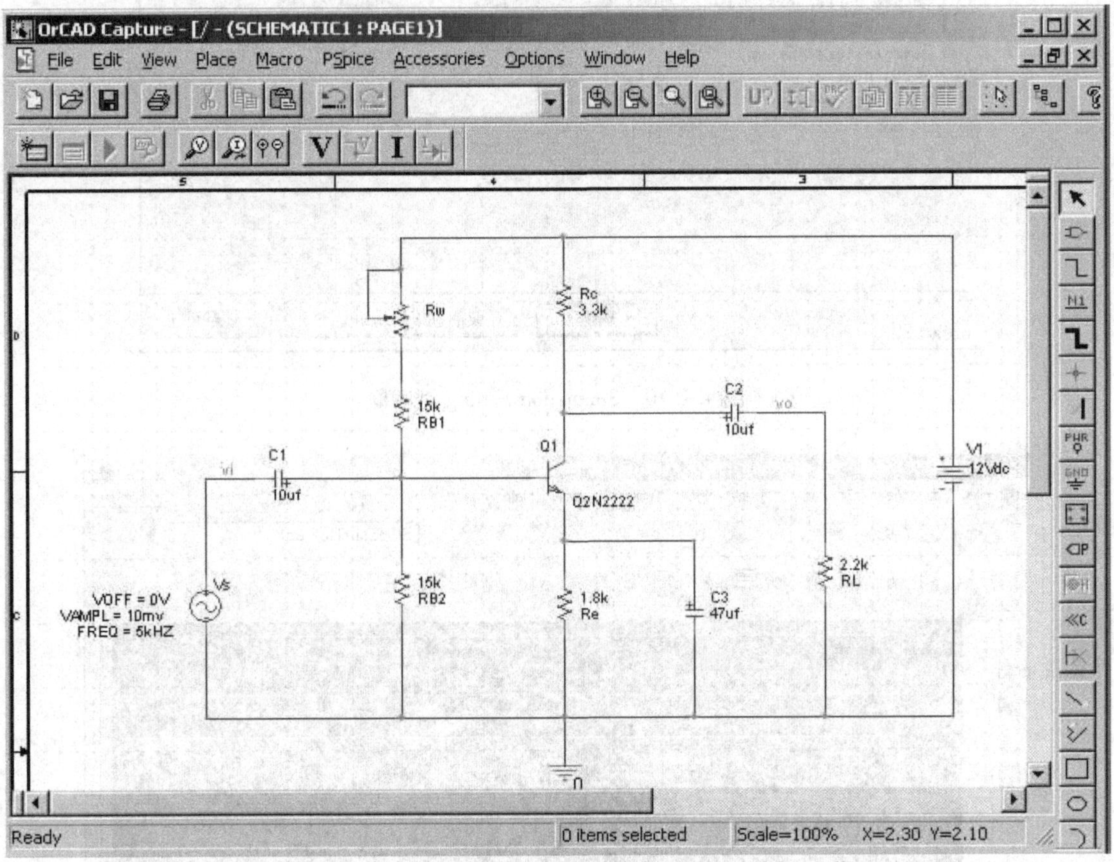

图 4.1.9　定义输入输出电压符号

2）建立新的项目名，选择 Pspice\ new simulation profile 功能选项，并在仿真对话框中输入“AC”，单击建立后，弹出 Simulation Setting 对话框，如图 4.1.10 所示。

3）设置分析类型为 Time Domain（瞬态特性分析），Run to = 2 ms，Start saving data = 0，Maimun step = 2u，存盘并运行 Pspice\Run，就会弹出 Probe（波形观测区）窗口。由于输入电压与输出电压在幅值上相差很大，为便于观察和测量，采用在同一个窗口内分区显示的方法来观察输入电压波形和输出电压波形。

首先选择 Plot\Add Plot to Window 功能选项，再建立一个观测区。激活观测区的方法是用鼠标左键在其中一个观测区上单击，这时 SEL > > 标记就会移到相应观测区的 Y 轴旁边，如图 4.1.11 所示。

4）选择 Trace Add 功能菜单，调出 Add Traces 对话框，选定 Y 轴坐标函数名 V(vi)，显

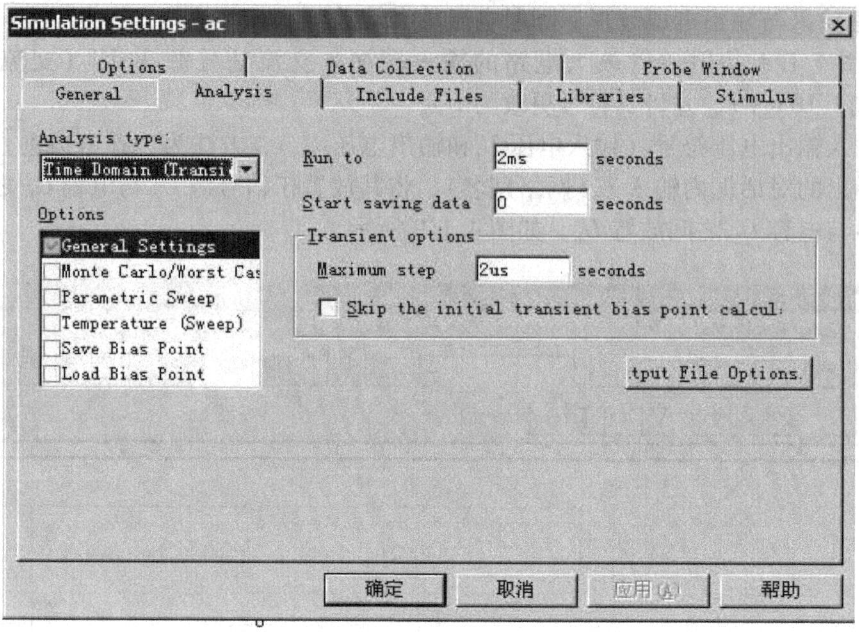

图 4. 1. 10　Simulation Setting 对话框

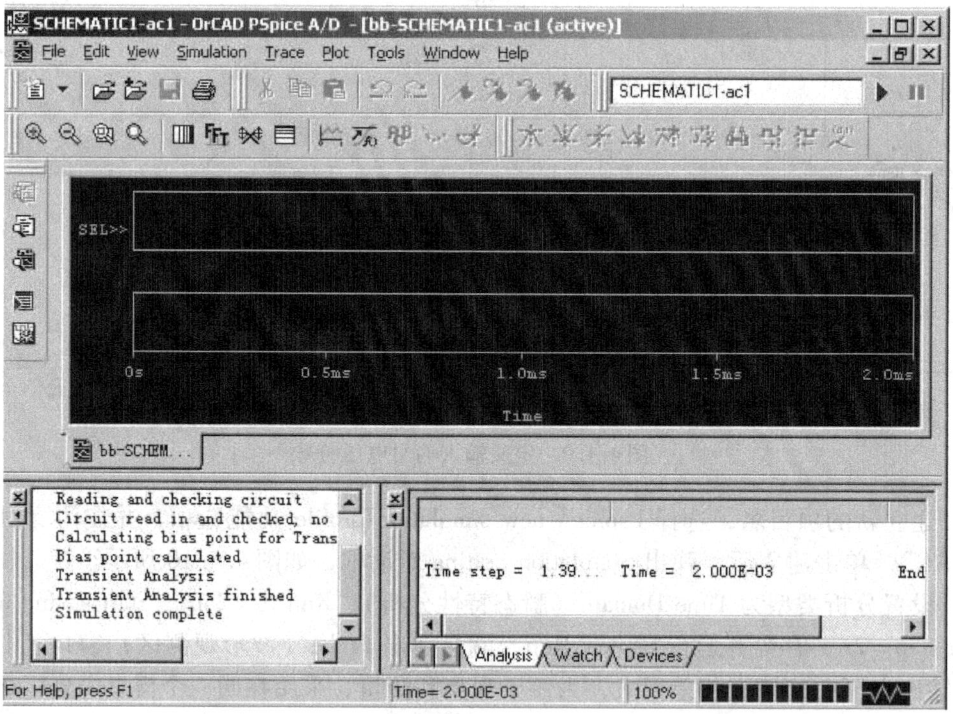

图 4. 1. 11　SEL > > 移到相应观测区的 Y 轴旁边

示输入电压波形曲线，再在另一个观测区上单击一下，SEL > > 标记就会移到相应观测区的 Y 轴旁边，再次选择 Trace Add 功能菜单，调出 Add Traces 对话框，选定 Y 轴坐标函数名 V (vo)，显示输出电压波形曲线，如图 4. 1. 12 所示。

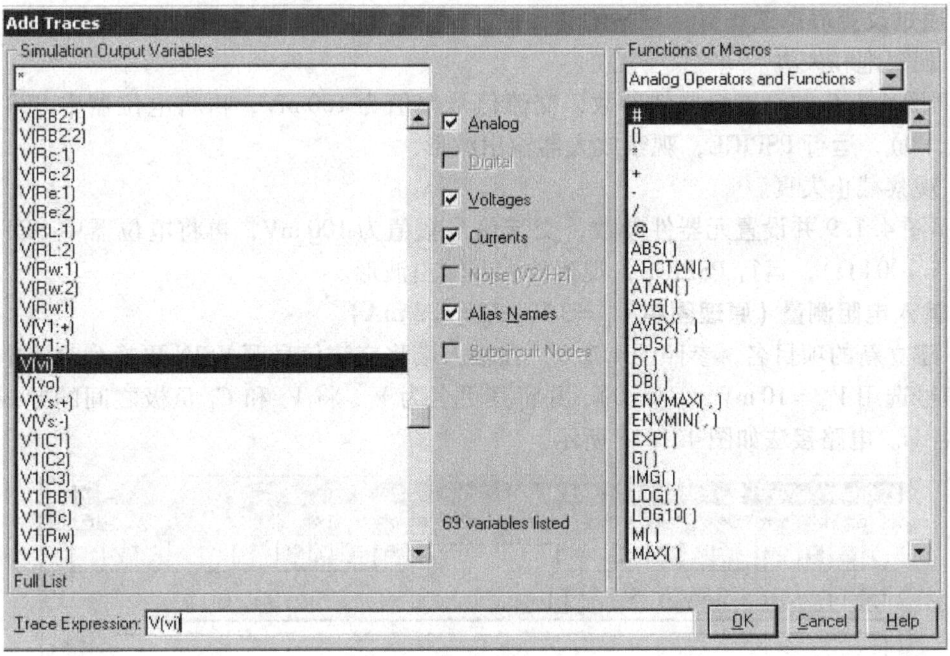

图 4.1.12　Add Traces 对话框

在 Add Traces 对话框中分别选择函数名 V(vi) 和 V(vo) 后，单击 OK 按钮，在 Probe 窗口就分别建立了输入、输出电压波形曲线，在输出电压不失真的情况下，通过使用测试光标 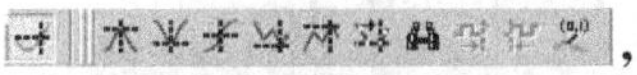，测量输入和输出电压，测量计算放大倍数，如图 4.1.13 所示。

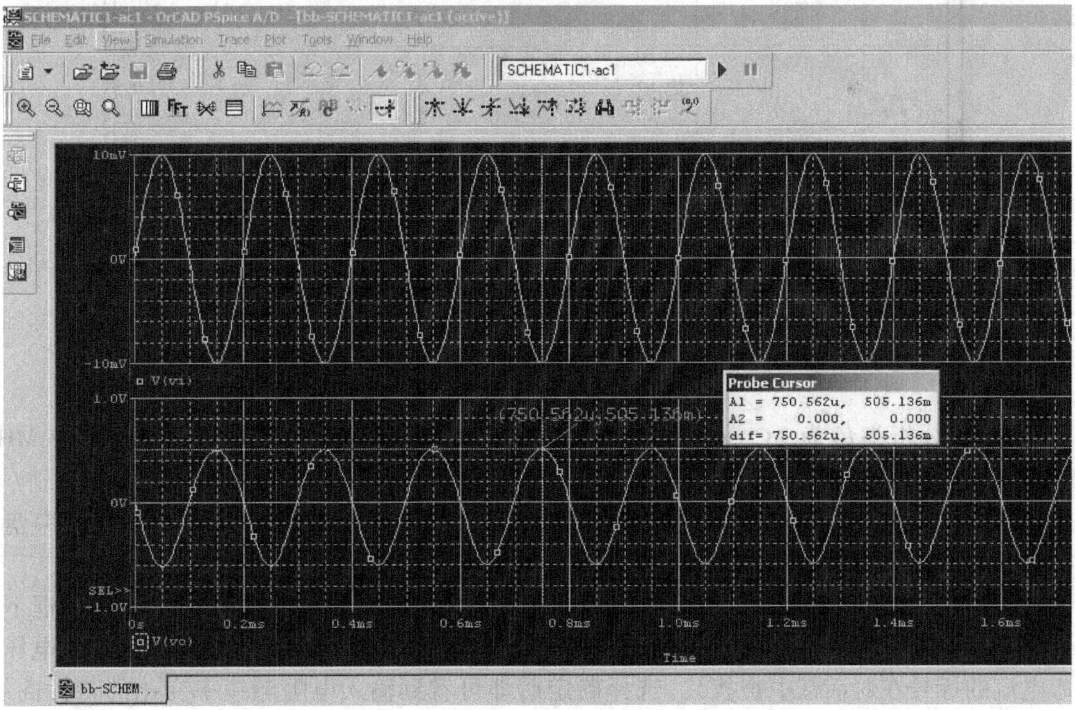

图 4.1.13　测量输入和输出电压、计算放大倍数

4. 通过改变静态工作点，观察饱和、截止失真

1）观察饱和失真。

参照图 4.1.9 并设置元器件参数，交流信号幅值为 100 mV，再将电位器中 SET 值设置为 0($R_w=0$)，运行 PSPICE，观察放大器输出波形。

2）观察截止失真。

参照图 4.1.9 并设置元器件参数，交流信号幅值为 100 mV，再将电位器中 SET 值设置为 1($R_w=100\ k\Omega$)，运行 PSPICE，观察放大器输出波形。

5. 输入电阻测量（原理图中 $U_b=3\ V$，$I_c=1.3\ mA$）

1）建立新的项目名，参照图 4.1.9，在输入端将交流信号源 VSIN 更换为交流电源 VAC（交流信号选用 $V_{ac}=10\ mV$，$V_{dc}=0$），并将其更名为 V_s，将 V_s 和 C_1 负极之间的导线命名为网络别名 is。电路接法如图 4.1.14 所示。

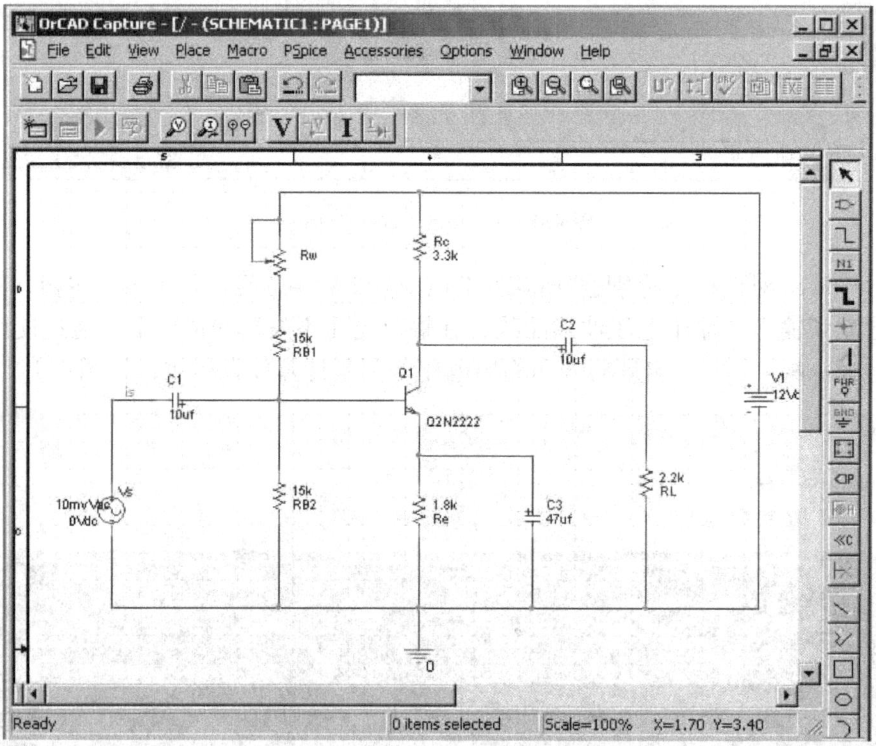

图 4.1.14　输入电阻测量电路接法

2）设置分析类型为 AC Sweep/Noise（交流频域分析），Start = 10 Hz，End = 15 MHz，Points/Decade = 100。

3）选择 Pspice\edit simulation profile 功能选项，调出 Simulation Setting 对话框，存盘并运行 Pspice\Run，就会调出 Probe 窗口。

4）单击 Add Traces 按钮，打开如图 4.1.12 所示的对话框，在 Add Traces 对话框下端 Trace Expression 的栏目中，输入交流电压和交流电流的表达式 V1(vs)/I(vs)（输入电压和输入电流的标号在对话框中查找）。选择确定后即可看到输入电阻随频率变化的特性曲线。使用测试光标，观测频率在 3.5 kHz 处的输入电阻 R_i，并与理论值比较，如图 4.1.15 所示。

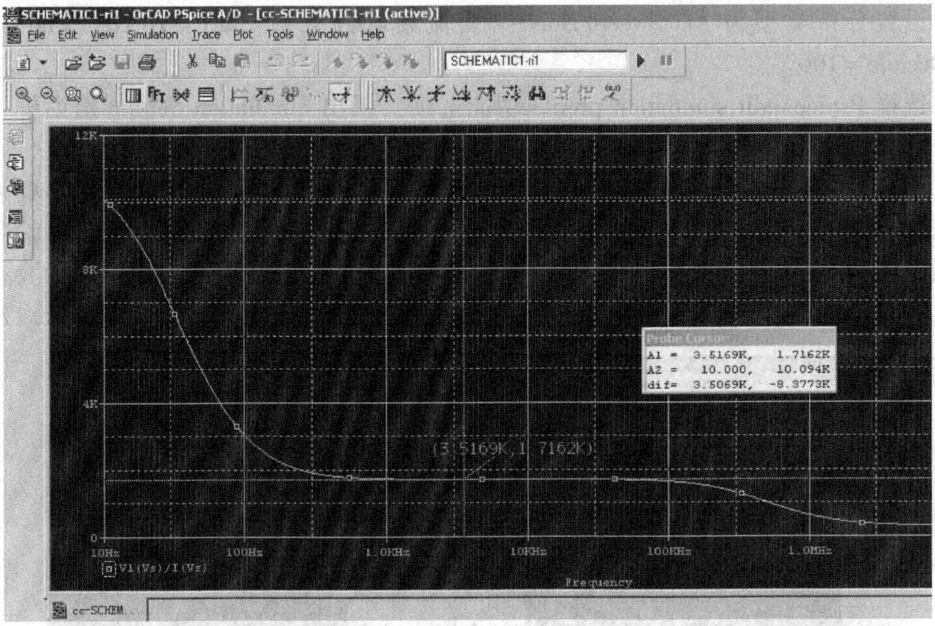

图 4.1.15 输入电阻随频率变化曲线

6. 输出电阻测量（原理图中 U_b =3V，I_c =1.3 mA）

1）建立新的项目名，参照图 4.1.14，将输入端电压源短路，删除输入端网络别名 is，把交流电压源 VAC（参数设置不变）改接在负载 R_L 位置，并将输出端 V_s 和 C_2 负极之间的导线命名为网络别名 is。电路接法如图 4.1.16 所示。

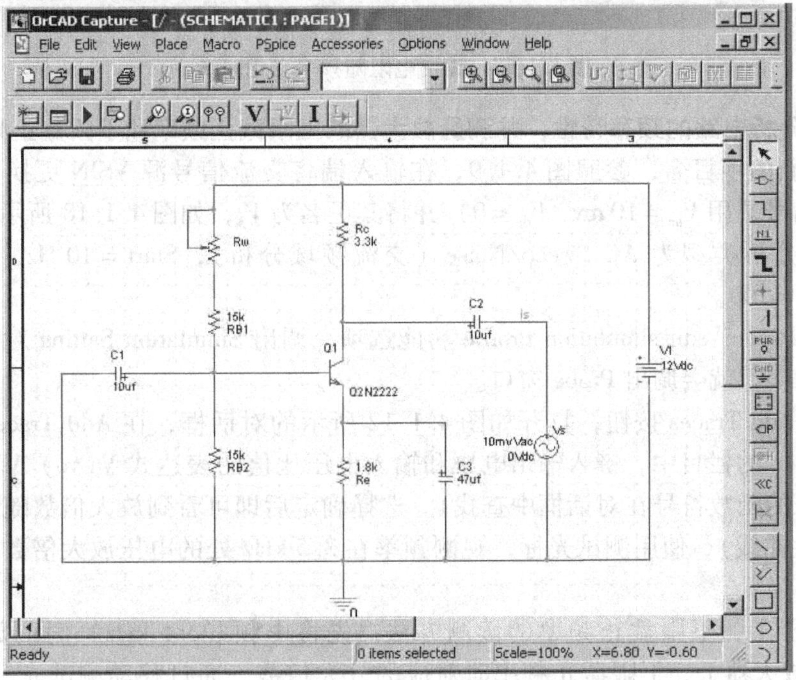

图 4.1.16 输出电阻测量电路接法

2）设置分析类型为 AC Sweep/Noise（交流频域分析），Start = 10 Hz，End = 15 Meg，Points/Decade = 100。

3）选择 Pspice\edit simulation profile 功能选项，调出 Simulation Setting 对话框，存盘并运行 Pspice\Run，就会调出 Probe 窗口。

4）单击 Add Traces 按钮，打开如图 4.1.12 所示的对话框，在 Add Traces 对话框下端 Trace Expression 的栏目中，输入交流电压和交流电流的表达式 V1(vs)/I(vs)（输入电压和输入电流的标号在对话框中查找）。选择确定后即可看到输出电阻随频率变化的特性曲线。使用测试光标，观测频率在 3.5 kHz 处的输出电阻 R_o 并与理论值比较，如图 4.1.17 所示。

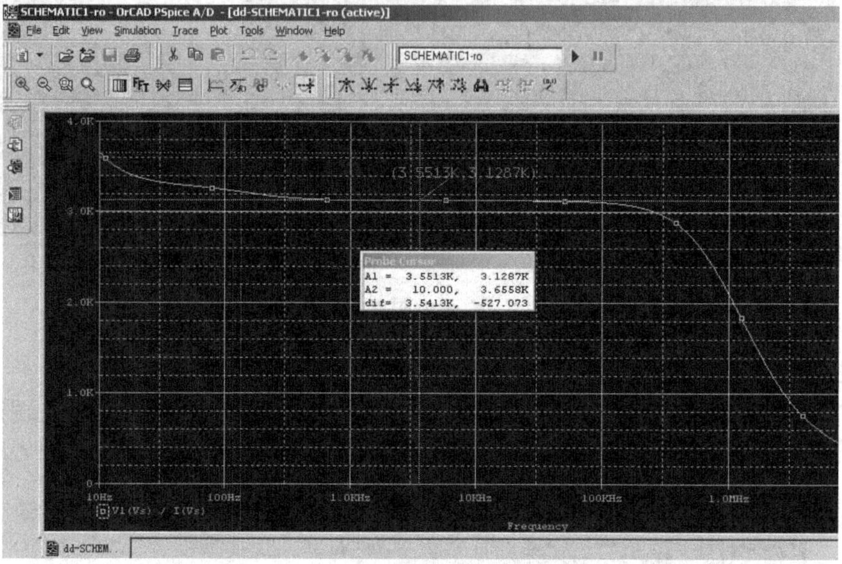

图 4.1.17　输出电阻随频率变化曲线

7. 仿真分析电路的频率特性，并测量放大器的上限截止频率和下限截止频率

1）建立新的项目名，参照图 4.1.9，在输入端将交流信号源 VSIN 更换为交流电压源 VAC（交流信号选用 V_{ac} = 10 mv，V_{dc} = 0）并将其更名为 V_s，如图 4.1.18 所示。

2）设置分析类型为 AC Sweep/Noise（交流频域分析），Start = 10 Hz，End = 15Meg，Points/Decade = 100。

3）选择 Pspice\edit simulation profile 功能选项，调出 Simulation Setting 对话框，存盘并运行 Pspice\Run，就会调出 Probe 窗口。

4）单击 Add Traces 按钮，打开如图 4.1.12 所示的对话框，在 Add Traces 对话框下端 Trace Expression 的栏目中，键入输出电压和输入电压比值的表达式 V(vo)/V(vi)（输出电压和输入电压的函数符号在对话框中查找）。选择确定后即可看到放大倍数随频率变化的曲线（幅频特性曲线），使用测试光标，观测频率在 3.5 kHz 处的电压放大倍数，并与理论值比较。

5）放大器上、下限截止频率的读测方法：先将中频（3.5 kHz）时的放大倍数乘以 0.707，获得放大器上、下限截止频率时对应的放大倍数，通过移动测试光标，查找此值，这时对应的频率就是该放大器上、下限的截止频率，如图 4.1.19 所示。

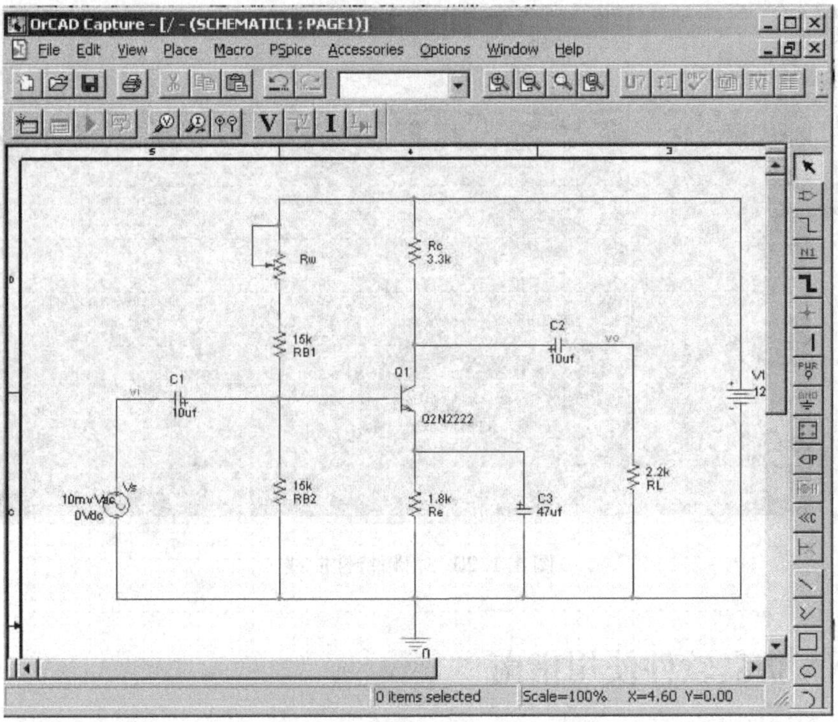

图 4.1.18　将交流电压源 VAC 更名为 V_s

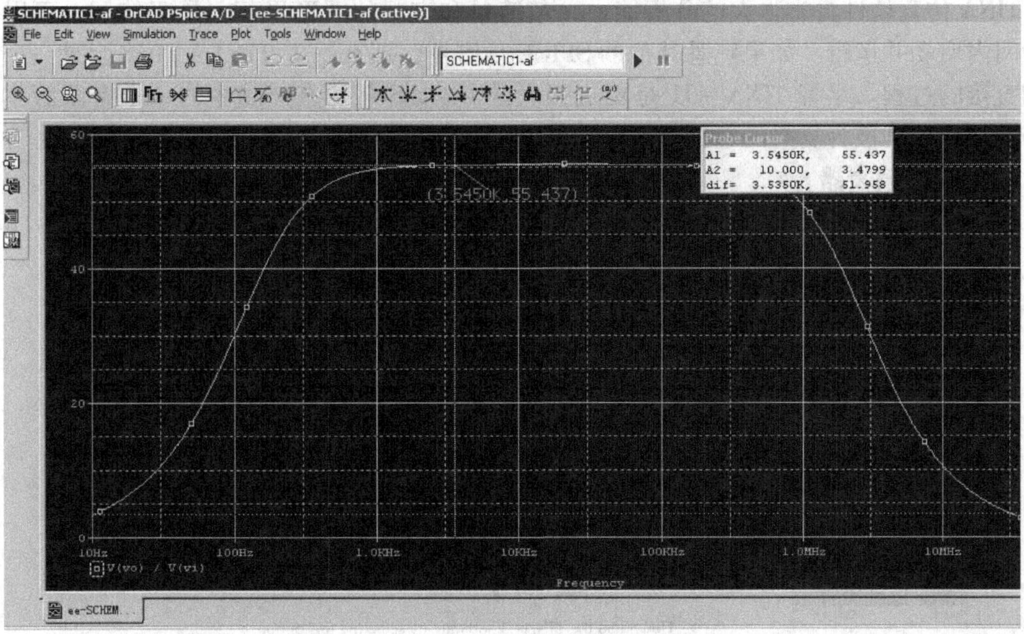

图 4.1.19　读测放大器上、下限截止频率

8. 观察放大器的相频特性曲线

电路图及参数设置类型与幅频特性曲线相同，仅在 Add Traces 对话框下端 Trace Expression 的栏目中，键入相频特性函数 Vp(vo)即可，如图 4.1.20 所示。

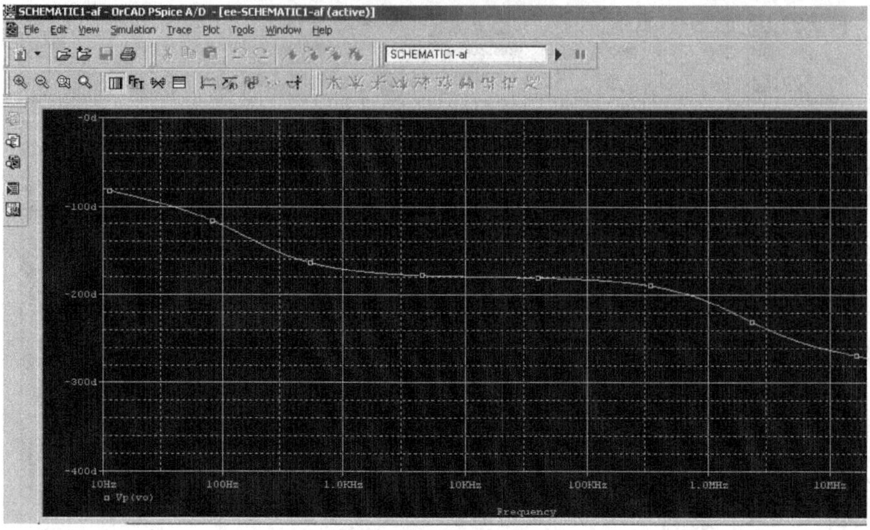

图 4.1.20 相频特性曲线

4.2 TINA 仿真软件使用指南

1. 概述

TINA 仿真软件具有强大的分析能力，其简单和直观的图形界面，易于使用，可以在最短时间内启动并运行。如果熟悉其他的 SPICE 仿真器，那么适应 TINA - TI 将会是一个很容易和直接的过程。尽管 TINA - TI 是更加强大的 DesignSoft 仿真产品中的一个有限版本，但它仍能轻松处理极为复杂的电路。

2. 原理图编辑器

可以从 TINA - TI 网页下载 TINA - TI，如图 4.2.1 所示。或者通过 TI 主页 www. ti. com 获得；在关键词搜索域输入 TINA，以显示关于 TINA - TI 的相关信息。

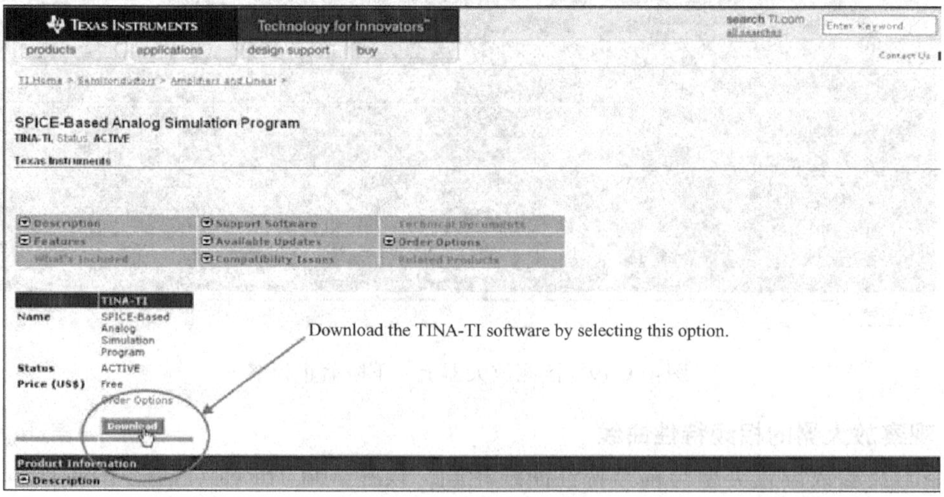

图 4.2.1 下载 TINA - TI

目前所发布的 TINA－TI 版本的最低硬件和软件要求是：

1）兼容 IBM PC 的计算机，运行微软 Windows® 98/ME/NT/2000/XP 操作系统。

2）奔腾系列或同等级处理器。

3）64 MB 的内存。

4）硬盘驱动器至少具有 100 MB 的空余空间。

5）鼠标。

6）VGA 适配器卡和监视器。

一旦软件被下载到计算机，通过选择 Windows 的“开始”菜单或单击桌面上在软件安装过程中所创建的 TINA－TI 图标可启动软件。软件第一次出现在屏幕上的界面如图 4.2.2 所示。

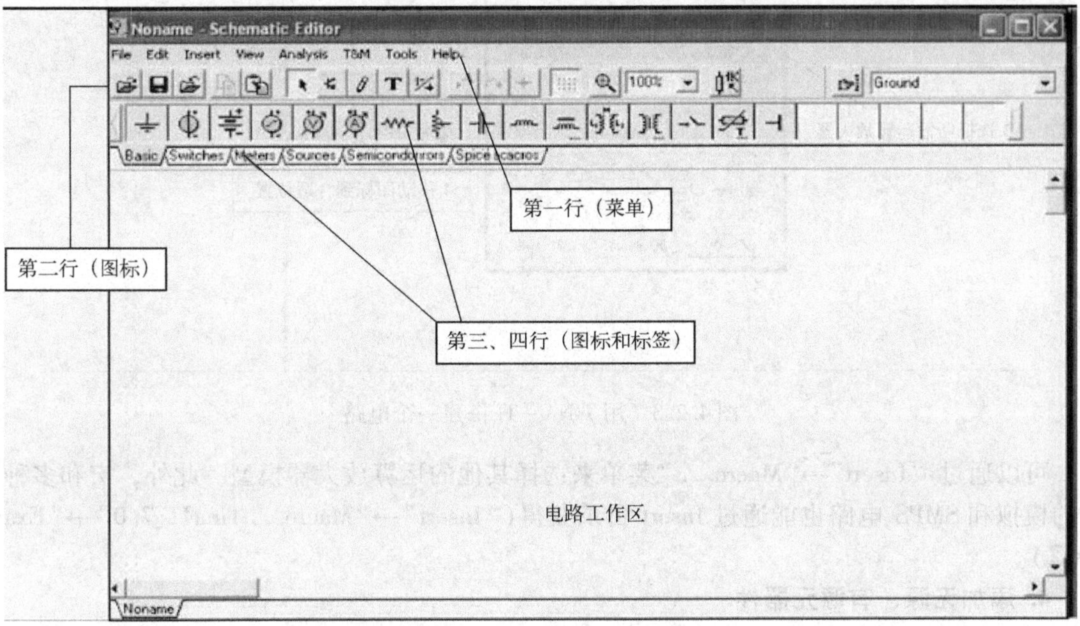

图 4.2.2　TINA－TI 原理图编辑器界面

图 4.2.2 显示的是原理图编辑器的布局。图中空白的工作区是设计窗口，用以在其中搭建测试电路。原理图编辑器标题栏的下面是一个可操作的菜单行选项，如文件操作、分析操作、测试及测量设备的选择等。在菜单行下方的位置是一行与不同的文件或 TINA 任务相关联的快捷图标。在最后一行图标中可以选择一个特定的元器件组。这些元件组包括基本的无源元件、半导体以及精密器件的宏模型，可以利用这些元器件组来搭建电路原理图。

3. 用 TINA－TI 搭建一个电路

为了说明 TINA－TI 的实用性，下面将搭建一个模拟电路并演示一些电路分析功能。在这个例子中，选择了一个高输出阻抗、1kHz 的正弦波振荡电路。在电路应用手册中的搜索结果提供了许多基于运算放大器的设计。这里将使用该软件搭建并模拟一个具有稳定振幅的文氏电桥振荡器。在电路应用中选用了德州仪器的 OPA743 12 V CMOS 运算放大器。该放大器适用于这一设计，并能提供非常良好的直流和交流性能。它正常工作的供电电压范围为 3.5～12 V，这个例子中所需要的电压为 5 V（10 V）。

选择 Spice Macros 选项卡（参见图 4.2.3，步骤 1），然后选择运算放大器符号（步骤 2）以获得 OPA743 宏模型。运算放大器模型列表出现后，向下滚动并单击 OPA743（步骤 3），然后单击 OK 按钮，运算放大器的标识符将出现在电路工作区。用鼠标将该标识符拖动到相应位置（步骤 4），单击鼠标左键，它将被锁定到电路工作区的当前位置处。

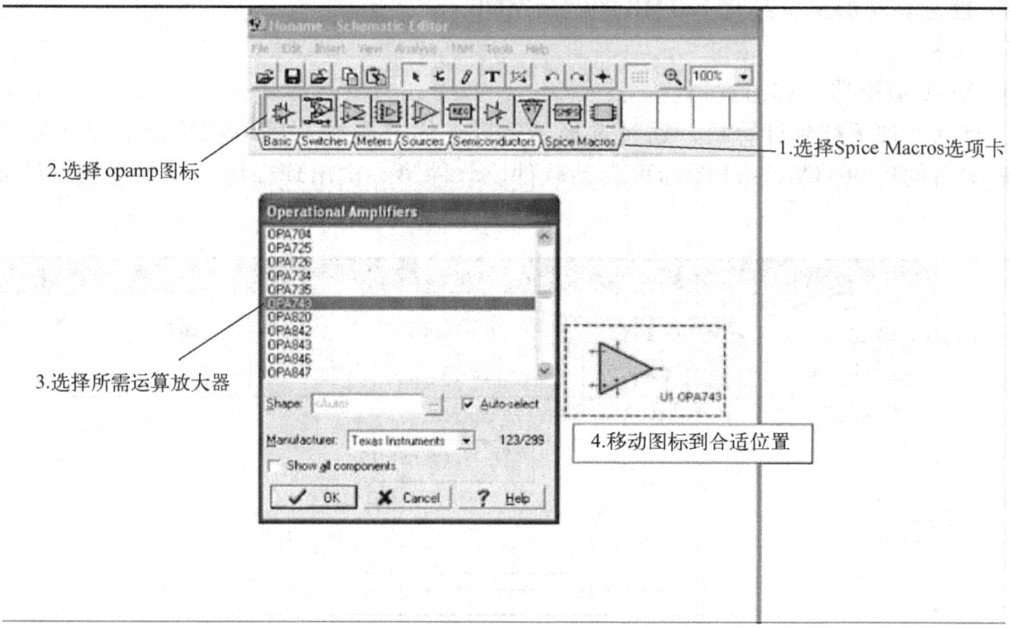

图 4.2.3　用 TINA – TI 搭建一个电路

可以通过“Insert”→“Macro...”菜单来选择其他的运算放大器模型。此外，宏和多种预建的模拟和 SMPS 电路也能通过 Insert 目录获得（“Insert”→“Macro... TinaTI_7.0”→“Examples”）。

4. 添加无源、有源元器件

通过单击选项卡下面一行的元器件组，可以容易地实现元器件的选择：包括基本元件、开关元件、仪表等。这些选项卡提供了种类繁多的无源元器件、电源、仪表、继电器、半导体以及前面提到的宏电路。单击某一特定元器件的原理图符号并将其拖动到电路工作区的相应位置，通过单击鼠标左键将其锁定到位。

如图 4.2.4 所示，从 Basic 选项卡中选择一个电阻（步骤 1 和 2），然后将它放到运算放大器标识符的旁边。TINA – TI 将把这个电阻命名为 R_1。R_1 的初始值是 1 kΩ，但这个值可以根据需要改变。用鼠标左键双击 R_1 标识符，将弹出相关联的元器件列表（步骤 3）。

电阻的阻值和其他元器件的特性可以通过选择特定的参数框并改变相应的数值来进行改变。选择元器件的参数框并选中想要改变的数值，然后键入一个新的数值来替换所显示的数值。例如，在图 4.2.4 中，电路中 R_1 的阻值从 1 kΩ 变为 4.7 kΩ。完成参数设置以后，单击 OK 按钮以关闭配置列表。无源元器件、电源、半导体和其他元器件类型也具有相似的参数列表。

在 Basic 元器件组中有一个便于使用的元件——跳线，如图 4.2.4 所示。它看上去像一个倒下的字母 T。跳线可以用来连接相似的、相关的电路功能，如 V +、V – 或任何其他具有多连接的电路点。使用跳线能减少布线带来的杂乱。值得注意的是，共用的跳线必须被标记为相同的 TINA-TI 标签名称，才表示它们连在一起。

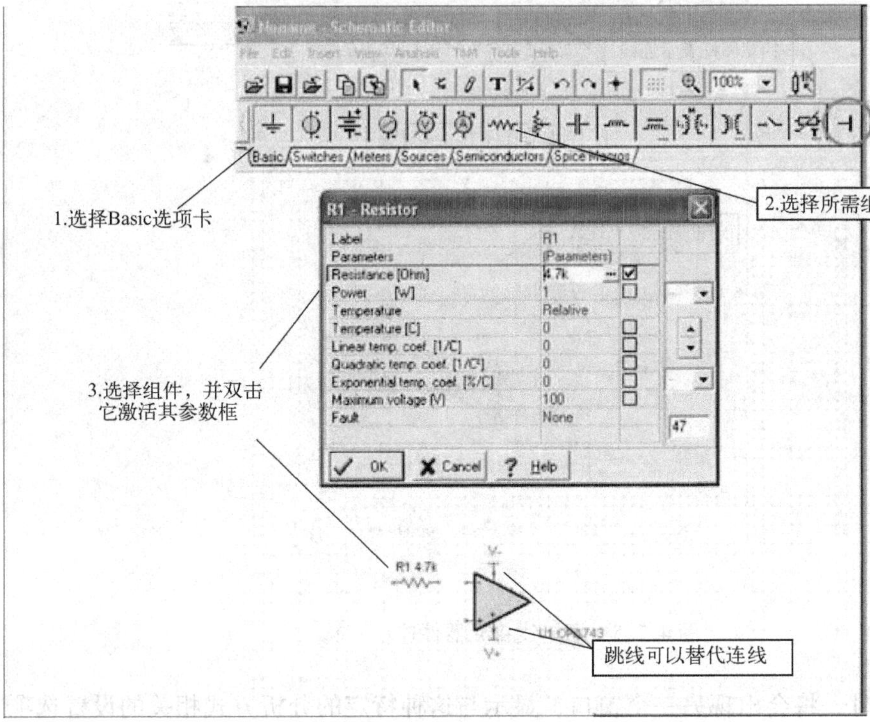

图 4.2.4　有源元器件和无源元器件选择

5. 布置元器件并连线

选定并将所有元器件放置到适当的位置以后，就可以用走线把它们连在一起。每个元器件都有若干用于进行电路连接的节点。TINA 将这些节点显示为一个小的红色的 x（这个 x 看起来更像是连线节点处的两条小线段交叉而不是一个字母）。用走线将元器件与其他元器件连接起来是很容易做到的，只要将鼠标指针放置在一个节点连接处然后保持左键被按下即可。随着鼠标沿着电路工作区坐标网格的移动，一条走线就被绘制完成。当走线到达预定的终端连接点时，释放鼠标左键。图 4.2.5 说明了 TINA-TI 软件的布线功能。

连线功能还可以通过 Insert 菜单项或看上去像一个小铅笔的图标来实现。

当电路原理图的输入完成后，电路就几乎做好了仿真准备。通过选择 Analysis 菜单项开始进入分析进程。将会出现一个包括了不同类型的分析列表，如交流、直流、瞬态或噪声。选中其中之一以便进行更多的配置与选择。

Analysis 菜单项的第一个选项是错误规则检查（ERC）。选择此项功能，进行对电路的检查；一个弹出的窗口将会列出所有电路错误。如果在窗口中列出了一个错误，单击这条错误项，原理图中的错误指针会被选中。错误窗口还能列出在分析过程中所遇到的其他类型的电路错误。

即使 ERC 没被选中，TINA 也将在仿真开始时自动执行错误检查。当选定了一个类型的

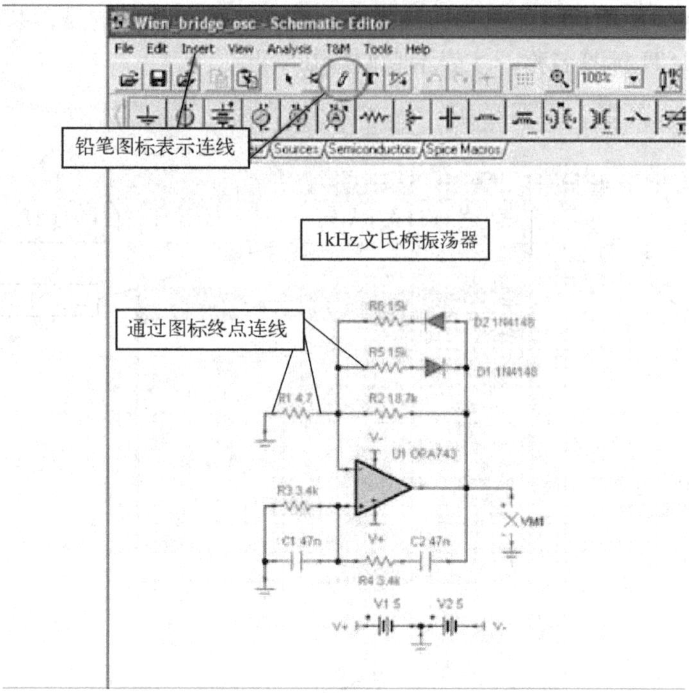

图 4.2.5　用走线将元器件连在一起

分析方式来执行时，将会出现另一个窗口，显示与这种特定的分析方式相关的设置选项。对于不同的分析方式，设置选项也不相同。初始阶段会提供一些标准设置。这些参数可以根据输出需要进行设置。

一旦完成了所有的选项设置，单击 OK 按钮开始进行分析。通常对于一个电路进行的分析是直流分析。这个测试提供了一个真实性检查，能够对正常的直流工作状态进行验证。TINA - TI 的直流分析功能可被设置为计算节点电压、提供一个直流电压和直流电流的结果列表、生成电路的直流扫描，或执行温度分析。温度分析需要结合 Analysis→Mode→temperature - stepping 选项才能实现。

6. 直流分析

按照以下步骤（见图 4.2.6）进行直流分析：

1）单击 Analysis 菜单项。

2）选择 DC Analysis。

3）单击 Table of DC Results 出现电压/电流列表。

4）用鼠标指针作为探针，测试电路节点。

被探测的节点和测量值将以红颜色显示在电压/电流列表中，如图 4.2.6 所示。

7. 瞬态分析

TINA 也可以进行复杂的交流频域及时域仿真，这些分析可使用 Analysis 功能来进行选择。可以选择传统的交流传输特性图（增益及相位与频率关系图），以及瞬态、傅里叶或噪声分析。图 4.2.7 所示的例子是一个对于文氏电桥振荡器电路样例进行的瞬态分析。仿真的瞬态分析结果也显示在图 4.2.7 中，它表明了文氏电桥振荡器的启动及稳态性能。在实际的

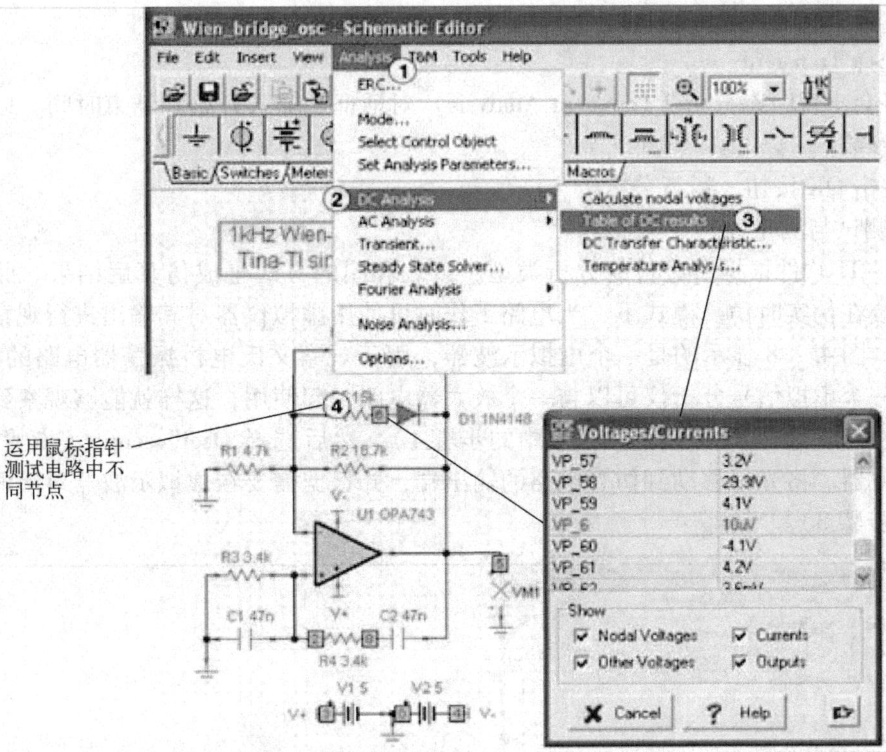

图 4. 2. 6　显示电压/电流列表的直流分析

窗口中所显示的坐标轴、刻度、背景网格颜色等都是可以被编辑的，所有这些都可由个人用户根据需要进行设置。

按照以下步骤（见图 4. 2. 7）进行瞬态分析：

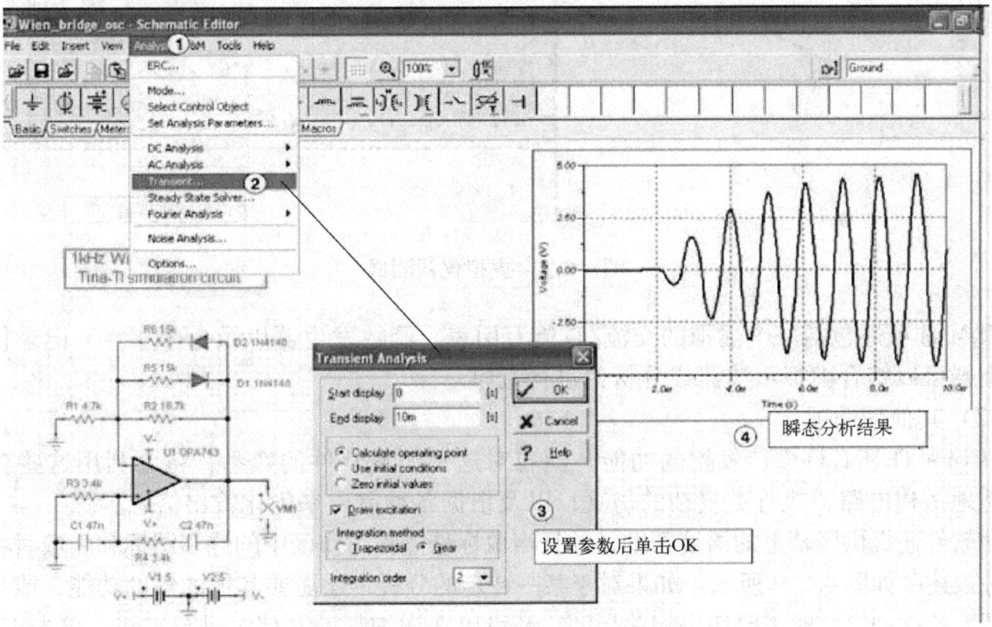

图 4. 2. 7　TINA 更多的分析能力

1）单击 Analysis 菜单。

2）选择 Transient。

3）将会出现瞬态分析（Transient Analysis）对话框。输入开始和结束时间，以及其他需要设置的参数。

4）单击 OK 按钮，运行分析。

（1）测试与测量

TINA－TI 软件根据所进行的分析类型，以表和图的方式生成仿真后结果。此外，该软件可以安装在伪实时仿真模式下，当电路工作时可使用虚拟仪器对其输出进行观察。

例如，图 4.2.8 显示的是一个虚拟示波器，用于观察文氏电桥振荡器电路的稳态输出。同样的，一个虚拟信号分析仪可以与一个放大器电路一起使用，这样就能够观察到一次仿真中的谐波性能。选择 T&M（图 4.2.8 中的步骤 1），然后选择 Oscilloscope（步骤 2），以获得虚拟示波器。将光标移动到仿真电路的输出端，并根据需要在虚拟示波器对话框中调整控制选项（步骤 3）。

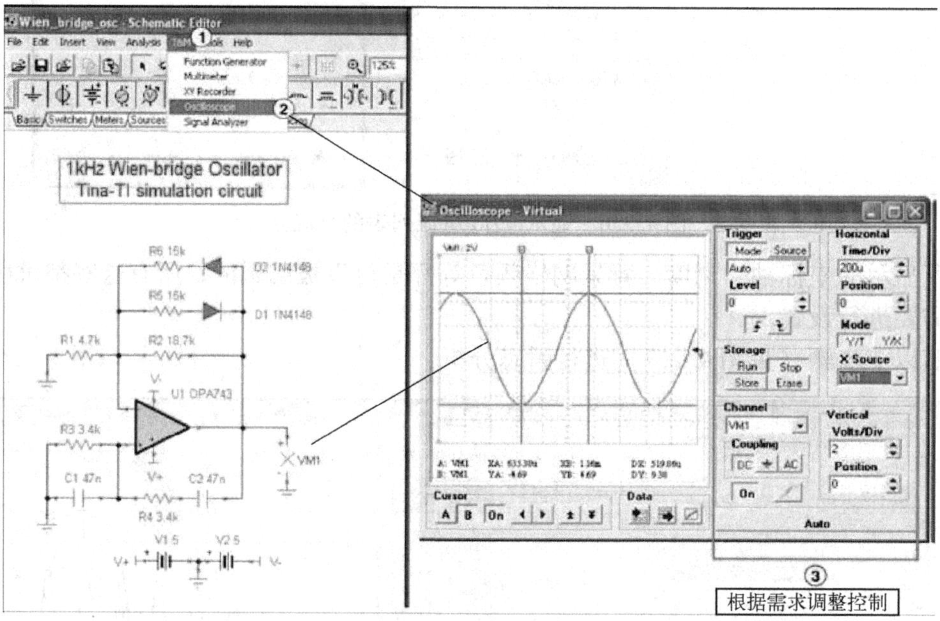

图 4.2.8　虚拟仪器测试

T&M 选项还包括一个虚拟的交流/直流万用表、函数发生器以及一个 X－Y 记录仪。函数发生器可以结合虚拟示波器或分析仪进行调整。

（2）其他辅助项

TINA－TI 还有许多待发掘的功能。随着对这一仿真软件的熟悉，将会利用这些功能来更快速地搭建电路，执行更复杂的仿真，以及根据各种需要来优化输出信息。

该软件还提供屏幕上的语境帮助，并且当鼠标悬停在工作区中的许多图标和区域时将会显示相关表述，如图 4.2.9 所示。如果对于某一特定的分析，还需要其他的辅助功能，或是在设置有源元器件的参数时需要获得相关帮助，都可以在详细帮助文档中进行查找。单击 Help 菜单，获得关于电路分析或有源元器件等的相关信息。如需获得关于某一特定的 TINA－TI 应用的更多帮助，请联系当地的 TI 技术代表。

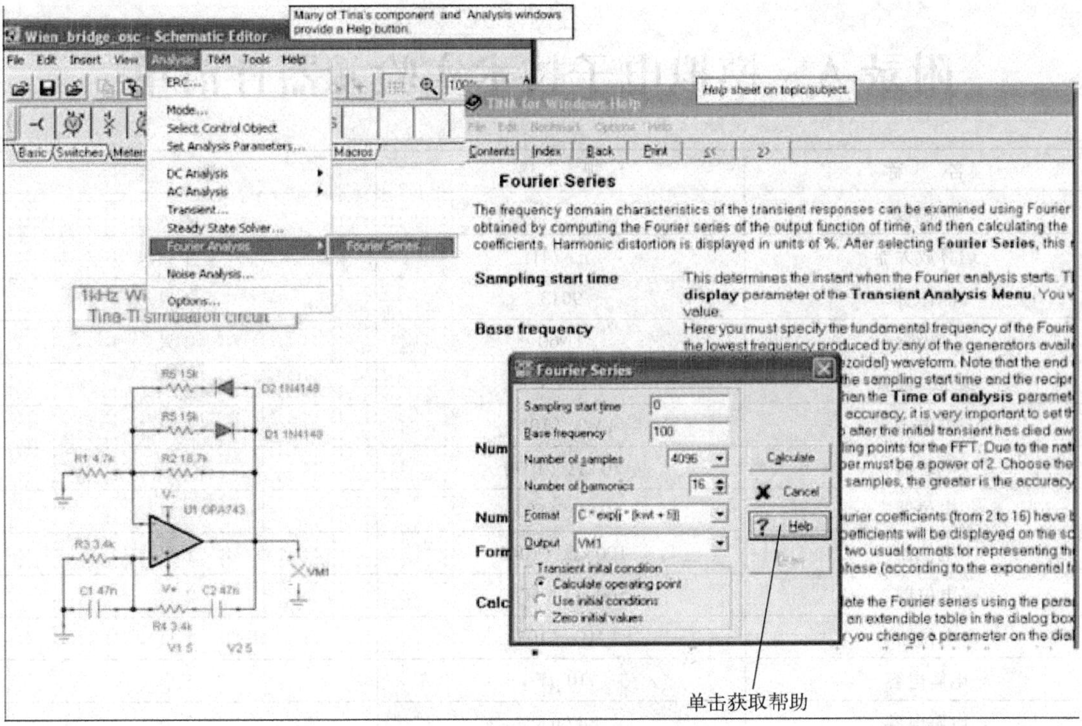

图 4.2.9　TINA－TI 中的语境帮助

附录 A　模拟电子技术实验元器件清单

名　称	规　格	数　量
面包板		1 块
运算放大器	μA741	4 只
晶体管	9013	2 只
二极管	1N60	2 只
稳压二极管	5.1 V	2 只
电位器	1 kΩ（102）	1 只
电位器	10 kΩ（103）	2 只
电位器	50 kΩ（503）	1 只
电位器	100 kΩ（104）	1 只
电位器	500 kΩ（504）	2 只
电位器	1 MΩ（105）	1 只
电解电容	10 μF	5 个
电解电容	47 μF	2 个
电解电容	470 μF	1 个
独石电容	0.1 μF	1 个
涤纶电容	6800 pF	1 个
独石电容	680 pF	1 个
涤纶电容	0.01 μF	2 个
聚丙烯电容	1 μF	1 个
小起子		1 把
电阻	金属膜 RJ	1 袋
导线		2 条

附录 B　S9013 晶体管中英文对照数据手册

S9013 晶体管（NPN）

FEATURE

- Complementary to S9012
- Excellent hFE linearity

Maximum Ratings TA = 25℃ unless otherwise noted

最大值

Symbol	Parameter	Value	Units
V_{CBO}	Collector – base voltage 集电极 – 基极最大电压	40	V
V_{CEO}	Collector – emitter voltage 集电极 – 发射极最大电压	25	V
V_{EBO}	Emitter – base voltage 发射极 – 基极最大电压	5	V
I_C	Collector current – continuous 集电极最大电流	500	mA
P_C	Collector dissipation 集电极最大耗散功率	625	mW
T_J	Junction temperature 最大结温	150	℃
T_{stg}	Storage temperature 保存温度范围	–55 ~ 150	℃

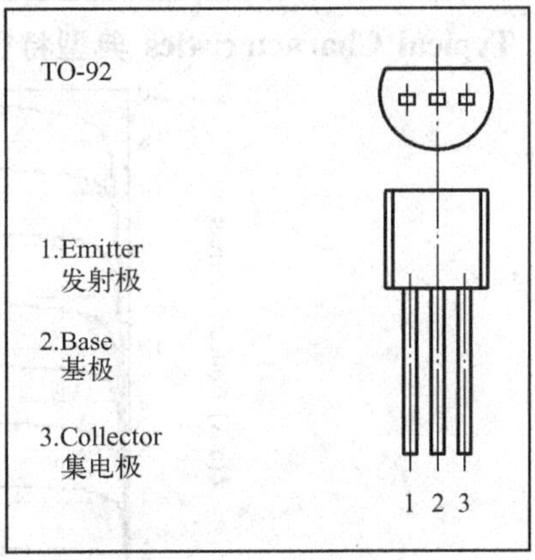

Electrical Characteristics（Tamb = 25℃ unless otherwise specified）

电气特性

Parameter	Symbol	Test conditions	MIN	TYP	MAX	UNIT
Collector – base breakdown voltage 集电极 – 基极击穿电压	$V_{(BR)CBO}$	$I_C = 100\ \mu A$, $I_E = 0$	40			V
Collector – emitter breakdown voltage 集电极 – 发射极击穿电压	$V_{(BR)CEO}$	$I_C = 1\ mA$, $I_B = 0$	25			V
Emitter – base breakdown voltage 发射极 – 基极击穿电压	$V_{(BR)EBO}$	$I_E = 100\ \mu A$, $I_C = 0$	5			V
Collector cut – off current 集电极 – 基极截止电流	I_{CBO}	$V_{CB} = 40\ V$, $I_E = 0$			0.1	μA
Collector cut – off current 集电极 – 发射极截止电流	I_{CEO}	$V_{CE} = 20\ V$, $I_B = 0$			0.1	μA
Emitter cut – off current 发射极 – 基极截止电流	I_{EBO}	$V_{EB} = 5\ V$, $I_C = 0$			0.1	μA

（续）

Parameter	Symbol	Test conditions	MIN	TYP	MAX	UNIT
DC current gain 直流电压增益	hFE(1)	$V_{CE}=1\text{V},\ I_C=50\text{mA}$	64		400	
	hFE(2)	$V_{CE}=1\text{V},\ I_C=500\text{mA}$	40			
Collector - emitter saturation voltage 集电极 - 发射极饱和压降	$V_{CE(sat)}$	$I_C=500\text{mA}, I_B=50\text{mA}$			0.6	V
Base - emitter saturation voltage 基极 - 发射极饱和压降	$V_{BE(sat)}$	$I_C=500\text{mA}, I_B=50\text{mA}$			1.2	V
Transition frequency 特征频率	f_T	$V_{CE}=6\text{V}, I_C=20\text{mA}$, $f=30\text{MHz}$	150			MHz

CLASSIFICATION OF hFE（1）　（hFE（1）分类）

Rank 类别	D	E	F	G	H	I	J
Range 范围	64 ~ 91	78 ~ 112	96 ~ 135	112 ~ 166	144 ~ 202	190 ~ 300	300 ~ 400

Typical Characteristics 典型特征 S9013

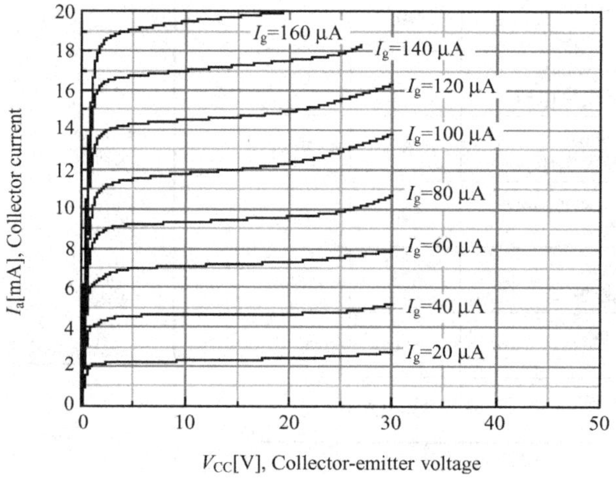

图 B.1　静态特性图（Static Characteristic）

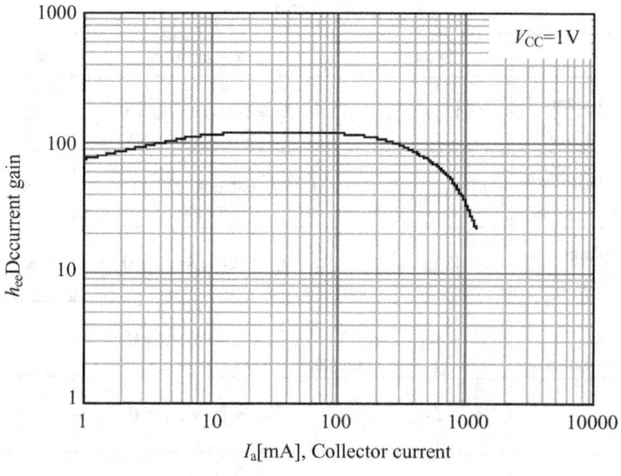

图 B.2　直流电流增益图（DC Current Gain）

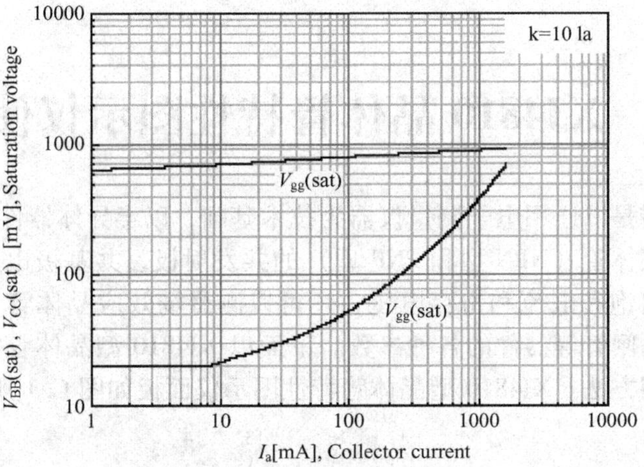

图 B. 3　基极 - 发射极、集电极 - 发射极饱和压降图（Base - Emitter Saturation Voltage）

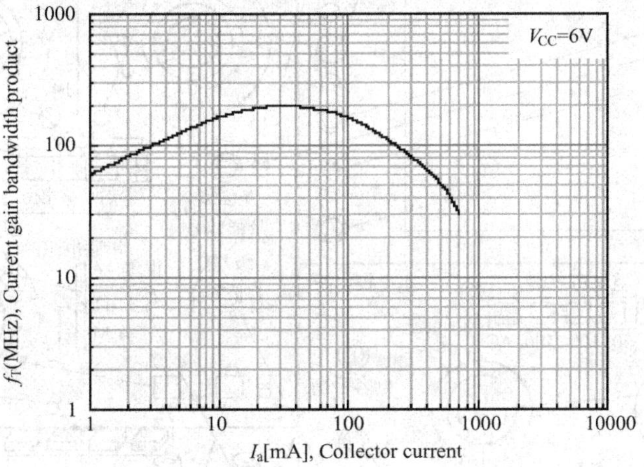

图 B. 4　直流增益带宽（Current Gain Bandwidth Product）

附录 C　XJ4810 晶体管特性图示仪使用说明

晶体管测量仪器是以通用电子测量仪器为技术基础，以半导体器件为测量对象的电子仪器。用它可以测试晶体管（NPN 型和 PNP 型）的共发射极、共基极电路的输入特性、输出特性；测试各种反向饱和电流和击穿电压，还可以测量场效应晶体管、稳压二极管、二极管、单结晶体管、晶闸管等器件的各种参数。下面以 XJ4810 型晶体管特性图示仪为例介绍晶体管图示仪的使用方法。XJ4810 型晶体管特性图示仪面板如图 C. 1 所示。

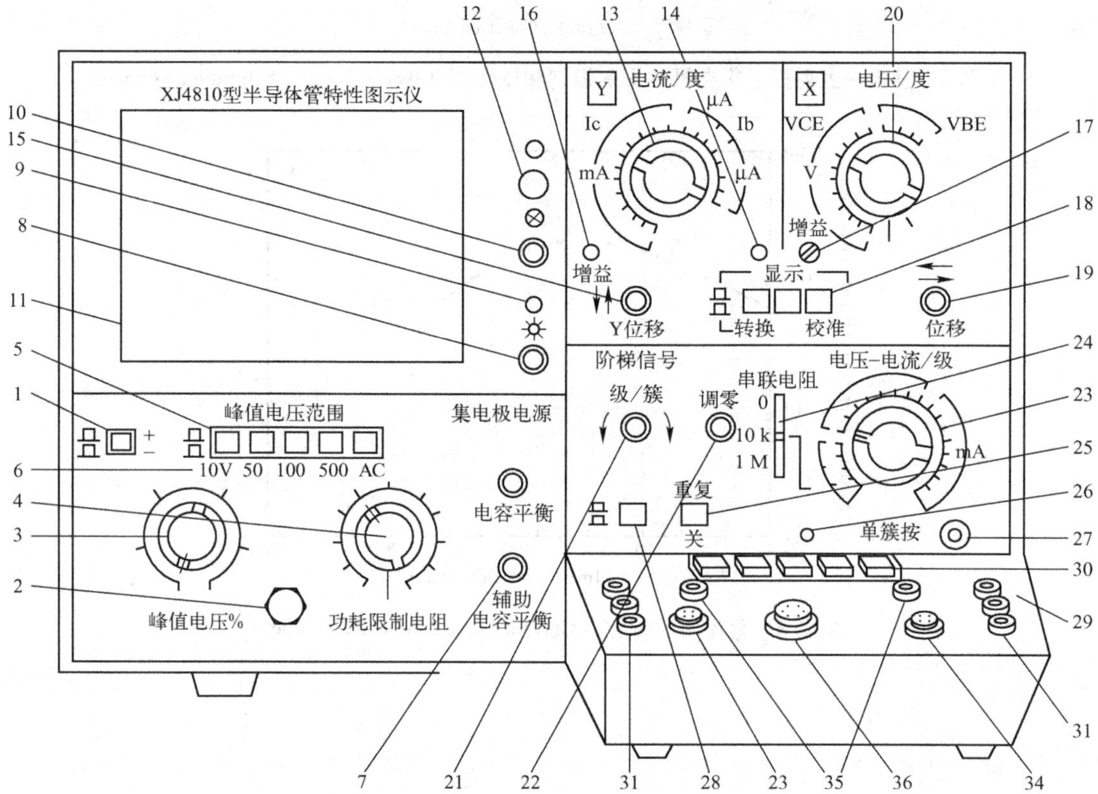

图 C. 1　XJ4810 型晶体管特性图示仪

一、XJ4810 型晶体管特性图示仪面板功能介绍

1. 集电极电源极性按钮，极性可按面板指示选择。

2. 集电极峰值电压熔丝：1. 5 A。

3. 峰值电压：峰值电压可在 0 ~ 10 V、0 ~ 50 V、0 ~ 100 V、0 ~ 500 V 之间连续可调。面板上的标称值是近似值，参考用。

4. 功耗限制电阻：它是串联在被测晶体管的集电极电路中，限制超过功耗，亦可作为被测半导体管集电极的负载电阻。

5. 峰值电压范围：分 0 ~ 10 V/5 A、0 ~ 50 V/1 A、0 ~ 100 V/0. 5 A、0 ~ 500 V/0. 1 A 四

档。当由低档改换高档观察半导体管的特性时，须先将峰值电压调到零值，换档后再按需要的电压逐渐增加，否则容易击穿被测晶体管。

AC 档的设置专为二极管或其他元器件的测试提供双向扫描，以便能同时显示元器件正反向的特性曲线。

6. 电容平衡：由于集电极电流输出端对地存在各种杂散电容，都将形成电容性电流，因而在电流取样电阻上产生电压降，造成测量误差。为了尽量减小电容性电流，测试前应调节电容平衡，使容性电流减至最小。

7. 辅助电容平衡：针对集电极变压器二次绕组对地电容的不对称，而再次进行电容平衡调节。

8. 电源开关及辉度调节：旋钮拉出，接通仪器电源，旋转旋钮可以改变示波管光点亮度。

9. 电源指示：接通电源时灯亮。

10. 聚焦旋钮：调节旋钮可使光迹最清晰。

11. 荧光屏幕：示波管屏幕，外有坐标刻度片。

12. 辅助聚焦：与聚焦旋钮配合使用。

13. Y 轴选择（电流/度）开关：具有 22 档四种偏转作用的开关。可以进行集电极电流、基极电压、基极电流和外接的不同转换。

14. 电流/度 ×0.1 倍率指示灯：灯亮时，仪器进入电流/度 ×0.1 倍工作状态。

15. 垂直移位及电流/度倍率开关：调节迹线在垂直方向的移位。旋钮拉出，放大器增益扩大 10 倍，电流/度各档 I_C 标值 ×0.1，同时指示灯 14 亮。

16. Y 轴增益：校正 Y 轴增益。

17. X 轴增益：校正 X 轴增益。

18. 显示开关：分转换、接地和校准三档，其作用如下：

1）转换：使图像在Ⅰ、Ⅲ象限内相互转换，便于由 NPN 晶体管转测 PNP 晶体管时简化测试操作。

2）接地：放大器输入接地，表示输入为零的基准点。

3）校准：按下校准键，光点在 X、Y 轴方向移动的距离刚好为 10°，以达到 10°校正目的。

19. X 轴移位：调节光迹在水平方向的移位。

20. X 轴选择（电压/度）开关：可以进行集电极电压、基极电流、基极电压和外接四种功能的转换，共 17 档。

21. “级/簇”调节：在 0 ~ 10 的范围内可连续调节阶梯信号的级数。

22. 调零旋钮：测试前，应首先调整阶梯信号的起始级零电平的位置。当荧光屏上已观察到基极阶梯信号后，按下测试台上选择按键“零电压”，观察光点停留在荧光屏上的位置，复位后调节零旋钮，使阶梯信号的起始级光点仍在该处，这样阶梯信号的零电位即被准确校正。

23. 阶梯信号选择开关：可以调节每级电流大小注入被测晶体管的基极，作为测试各种特性曲线的基极信号源，共 22 档。一般选用基极电流/级，当测试场效应晶体管时选用基极源电压/级。

24. 串联电阻开关：当阶梯信号选择开关置于电压/级的位置时，串联电阻将串联在被测晶体管的输入电路中。

25. 重复开关按键：弹出为重复，阶梯信号重复出现；按下为关，阶梯信号处于待触发状态。

26. 阶梯信号待触发指示灯：重复按键按下时灯亮，阶梯信号进入待触发状态。

27. 单簇按键开关：单簇的按动其作用是使预先调整好的电压（电流）/级，出现一次阶梯信号后回到等待触发位置，因此可利用它瞬间作用的特性来观察被测晶体管的各种极限特性。

28. 极性按键：极性的选择取决于被测晶体管的特性。

29. 测试台：其结构如图 C. 2 所示。

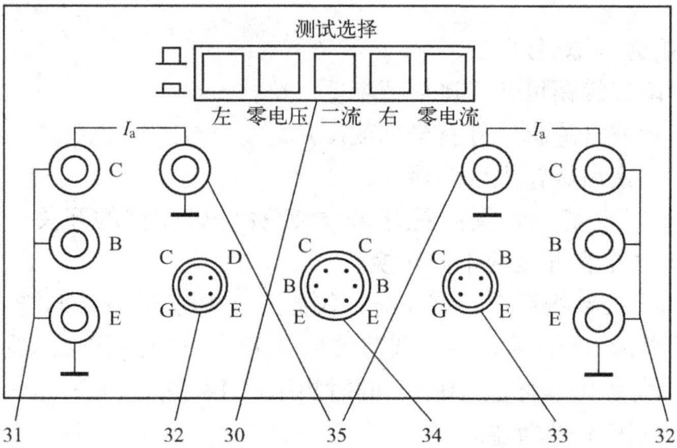

图 C. 2　XJ4810 型晶体管特性图示仪测试台

30. 测试选择按键。

1）“左”“右”“二簇”：可以在测试时任选左右两个被测晶体管的特性，当置于“二簇”时，即通过电子开关自动地交替显示左右二簇特性曲线，此时“级/簇”应置于适当位置，以利于观察。二簇特性曲线比较时，请不要误按单簇按键。

2）“零电压”键：按下此键用于调整阶梯信号的起始级在零电平的位置，见（22）项。

3）“零电流”键：按下此键时被测晶体管的基极处于开路状态，即能测量 I_{CEO} 特性。

31. 左右测试插孔：插上专用插座（随机附件），可测试 F_1、F_2 型管座的功率晶体管。

32、33、34. 晶体管测试插座。

35. 二极管反向漏电流专用插孔（接地端）。

在仪器右侧板上分布有图 C. 3 所示的旋钮和端子。

36. 二簇移位旋钮：在二簇显示时，可改变右簇曲线的位置，更方便于对晶体管各种参数的比较。

37. Y 轴信号输入：Y 轴选择开关置外接时，Y 轴信号由此插座输入。

38. X 轴信号输入：X 轴选择开关置外接时，X 轴信号由此插座输入。

39. 校准信号输出端：1 V、0. 5 V 校准信号由此二孔输出。

二、测试前注意事项

为保证仪器的合理使用，既不损坏被测晶体管，也不损坏仪器内部线路，在使用仪器前

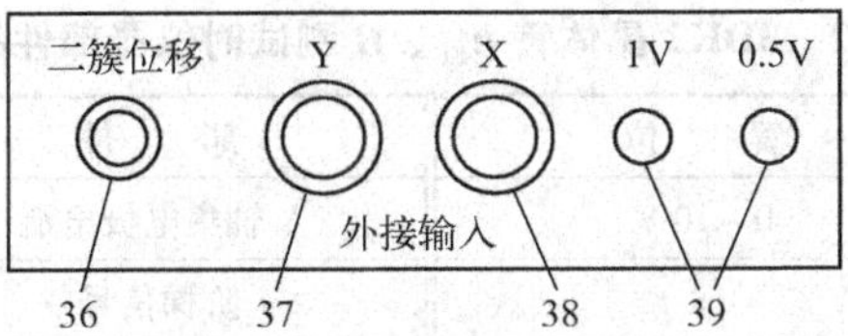

图 C.3　XJ4810 型晶体管特性图示仪右侧板

应注意下列事项：

1. 对被测晶体管的主要直流参数应有一个大概的了解和估计，特别要了解被测晶体管的集电极最大允许耗散功率 P_{CM}、最大允许电流 I_{CM} 和击穿电压 BV_{EBO}、BV_{CBO}。

2. 选择好扫描和阶梯信号的极性，以适应不同管型和测试项目的需要。

3. 根据所测参数或被测晶体管允许的集电极电压，选择合适的扫描电压范围。一般情况下，应先将峰值电压调至零。更改扫描电压范围时，也应先将峰值电压调至零。选择一定的功耗电阻，测试反向特性时，功耗电阻要选大一些，同时将 X、Y 偏转开关置于合适档位。测试时扫描电压应从零逐步调节到需要值。

4. 对被测晶体管进行必要的估算，以选择合适的阶梯电流或阶梯电压。一般宜先小一点，再根据需要逐步加大。测试时不应超过被测晶体管的集电极最大允许功耗。

5. 在进行 I_{CM} 的测试时，一般采用单簇为宜，以免损坏被测晶体管。

6. 在进行 I_C 或 I_{CM} 的测试中，应根据集电极电压的实际情况选择，不应超过本仪器规定的最大电流，具体见表 C.1。

表 C.1　最大电流对照表

电压范围/V	0～10	0～50	0～100	0～500
允许最大电流/A	5	1	0.5	0.1

7. 进行高压测试时，应特别注意安全，电压应从零逐步调节到需要值。观察完毕，应及时将峰值电压调到零。

三、基本操作步骤

1. 按下电源开关，指示灯亮，预热 15 min 后，即可进行测试。

2. 调节辉度、聚焦及辅助聚焦，使光点清晰。

3. 将峰值电压旋钮调至零，峰值电压范围、极性、功耗电阻等开关置于测试所需位置。

4. 对 X、Y 轴放大器进行 10°校准。

5. 调节阶梯调零。

6. 选择需要的基极阶梯信号，将极性、串联电阻置于合适档位，调节级/簇旋钮，使阶梯信号为 10 级/簇，阶梯信号置重复位置。

7. 插上被测晶体管，缓慢地增大峰值电压，荧光屏上即有曲线显示。

四、测试实例

1. 晶体管 h_{FE} 和 β 值的测量。

以 NPN 型 3DK2 晶体管为例，查手册得知 3DK2 h_{FE} 的测试条件为 $V_{CE}=1\text{ V}$、$I_C=10\text{ mA}$。将光点移至荧光屏的左下角做坐标零点。仪器部件的置位详见表 C.2。

表 C.2　3DK2 晶体管 h_{FE}、β 测试时仪器部件的置位

部　件	置　位	部　件	置　位
峰值电压范围	0 ~ 10 V	Y 轴集电极电流	1 mA /度
集电极极性	+	阶梯信号	重复
功耗电阻	250 Ω	阶梯极性	+
X 轴集电极电压	1 V/度	阶梯选择	20 μA

逐渐加大峰值电压就能在显示屏上看到一簇特性曲线，如图 C.4 所示。读出 X 轴集电极电压 $V_{ce}=1\text{ V}$ 时最上面一条曲线（每条曲线为 20 μA，最下面一条 $I_B=0$ 不计在内）I_B值和 Y 轴 I_C值，可得

$$h_{FE}=\frac{I_C}{I_B}=\frac{8.5\text{ mA}}{200\ \mu\text{A}}=\frac{8.5\text{ mA}}{0.2\text{ mA}}=42.5$$

若把 X 轴选择开关放在基极电流或基极源电压位置，即可得到图 C.5 所示的电流放大特性曲线。即

$$\beta=\frac{\Delta I_C}{\Delta I_B}$$

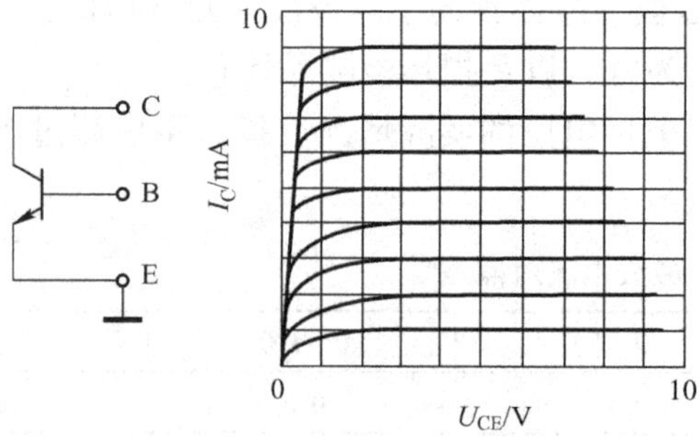

图 C.4　晶体管输出特性曲线

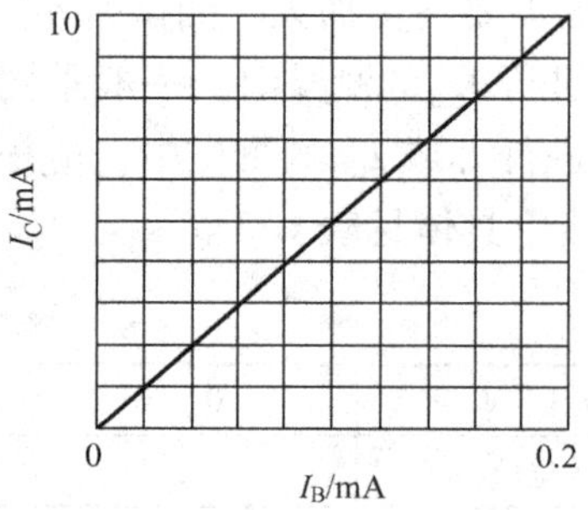

图 C.5　电流放大特性曲线

PNP 型晶体管 h_{FE}和 β 的测量方法同上，只需改变扫描电压极性和阶梯信号极性，并把光点移至荧光屏右上角即可。

2. 晶体管反向电流的测试

以 NPN 型 3DK2 晶体管为例，查手册得知 3DK2 I_{CBO}、I_{CEO}的测试条件为 V_{CB}、V_{CE}均为 10 V。测试时，仪器部件的置位详见表 C.3。

逐渐调高“峰值电压”使 X 轴 $V_{CB}=10\text{ V}$，读出 Y 轴的偏移量，即为被测值。被测晶体管的接线方法如图 C.6 所示，其中图 C.6a 测 I_{CBO}值，图 C.6b 测 I_{CEO}值、图 C.6c 测 I_{EBO}值。

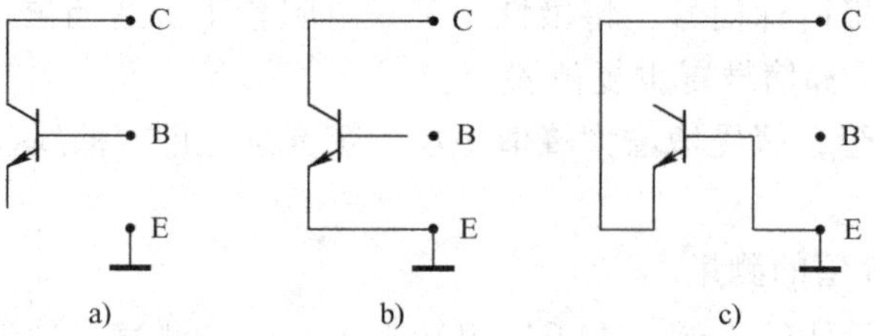

图 C.6　晶体管反向电流的测试

表 C.3　3DK2 晶体管反向电流测试时仪器部件的置位

项目 / 置位 / 部件	I_{CBO}	I_{CEO}
峰值电压范围	0 ~ 10 V	0 ~ 10 V
极性	+	+
X 轴集电极电压	2 V/度	2V/度
Y 轴集电极电流	10 μA/度	10 μA/度
倍率	Y 轴位移拉出 ×0.1	Y 轴位移拉出 ×0.1
功耗限制电阻	5 kΩ	5 kΩ

反向电流测试曲线如图 C.7 所示。

读数：I_{CBO} = 0.5 μA（V_{CB} = 10 V），　　I_{CEO} = 1 μA（V_{CE} = 10 V）

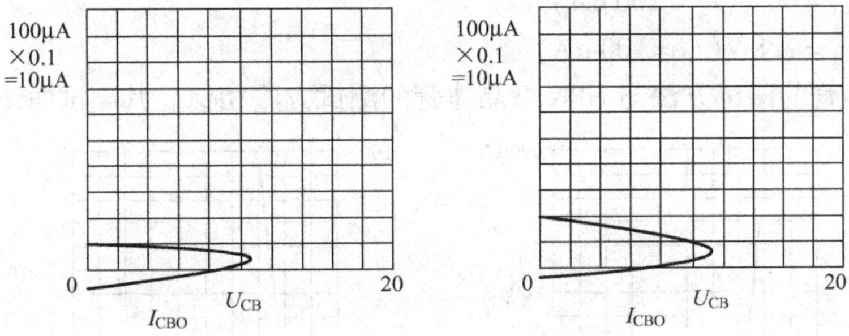

图 C.7　反向电流测试曲线

PNP 型晶体管的测试方法与 NPN 型晶体管的测试方法相同。可按测试条件，适当改变档位，并把集电极扫描电压极性改为“ – ”，把光点调到荧光屏的右下角（阶梯极性为“ + ”时）或右上角（阶梯极性为“ – ”时）即可。

3. 晶体管击穿电压的测试

以 NPN 型 3DK2 晶体管为例，查手册得知 3DK2 BV_{CBO}、BV_{CEO}、BV_{EBO} 的测试条件 I_C 分别为 100 μA、200 μA 和 100 μA。测试时，仪器部件的置位详见表 C.4。

表 C.4　3DK2 晶体管击穿电压测试时仪器部件的置位

项目 / 置位 / 部件	BV_{CBO}	BV_{CEO}	BV_{EBO}
峰值电压范围	0 ~ 100 V	0 ~ 100 V	0 ~ 10 V
极性	+	+	+
X 轴集电极电压	10 V/度	10 V/度	1 V/度
Y 轴集电极电流	20 μA/度	20 μA/度	20 μA/度
功耗限止电阻	1 ~ 5 kΩ	1 ~ 5 kΩ	1 ~ 5 kΩ

逐步调高“峰值电压”，被测晶体管按图 C.8a 的接法，Y 轴 I_C = 0.1 mA 时，X 轴的偏移量为 BV_{CBO} 值；被测晶体管按图 C.8b 的接法，Y 轴 I_C = 0.2 mA 时，X 轴的偏移量为 BV_{CEO}

值；被测晶体管按图 C. 8c 的接法，Y 轴 I_C =0. 1 mA 时，X 轴的偏移量为 BV_{EBO}值。

反向击穿电压测试曲线如图 C. 8 所示。

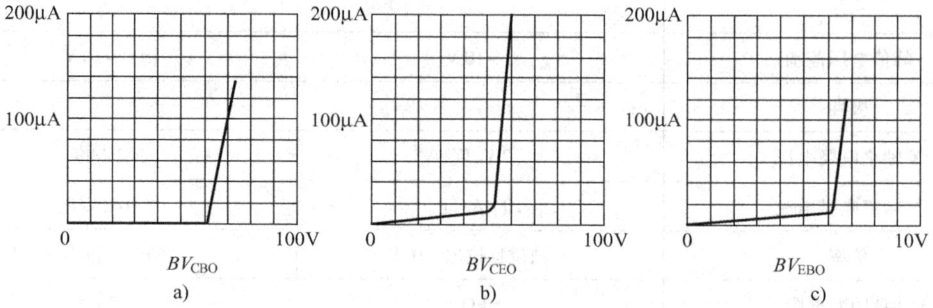

图 C. 8　反向击穿电压曲线（NPN）

读数：BV_{CBO} =70 V(I_C =100 μA)

BV_{CEO} =60 V(I_C =200 μA)

BV_{EBO} =7. 8 V(I_C =100 μA)

PNP 型晶体管的测试方法与 NPN 型晶体管的测试方法相似。其测试曲线如图 C. 9 所示。

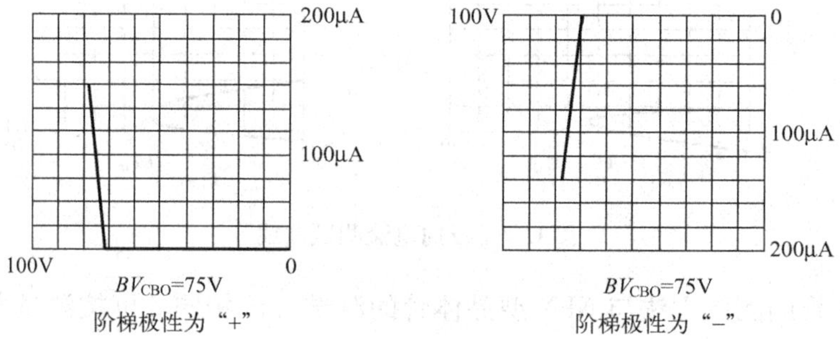

图 C. 9　反向击穿电压曲线（PNP）

4. 稳压二极管的测试

以 2CW19 稳压二极管为例，查手册得知 2CW19 稳定电压的测试条件 I_R = 3 mA。测试时，仪器部件置位详见表 C. 5。

表 C. 5　2CW19 稳压二极管测试时仪器部件的置位

部　件	置　位	部　件	置　位
峰值电压范围	AC　0 ~ 10 V	X 轴集电极电压	5 V/度
功耗限止电阻	5 kΩ	Y 轴集电极电流	1 mA/度

逐渐加大“峰值电压”，即可在荧光屏上看到被测晶体管的特性曲线，如图 C. 10 所示。

读数：正向压降约 0. 7 V，稳定电压约 12. 5 V。

5. 整流二极管反向漏电电流的测试

以 2DP5C 整流二极管为例，查手册得知 2DP5C 的反向电流应≤500 nA。测试时，仪器各部件的置位详见表 C. 6。

表 C.6　2DP5C 整流二极管测试时仪器部件的置位

部　　件	置　　位	部　　件	置　　位
峰值电压范围	0～10 V	Y 轴集电极电流	0.2 μA/度
功耗限制电阻	1 kΩ	倍率	Y 轴位移拉出 ×0.1
X 轴集电极电压	1 V/度		

逐渐增大“峰值电压”，在荧光屏上即可显示被测晶体管反向漏电电流特性，如图 C.11 所示。

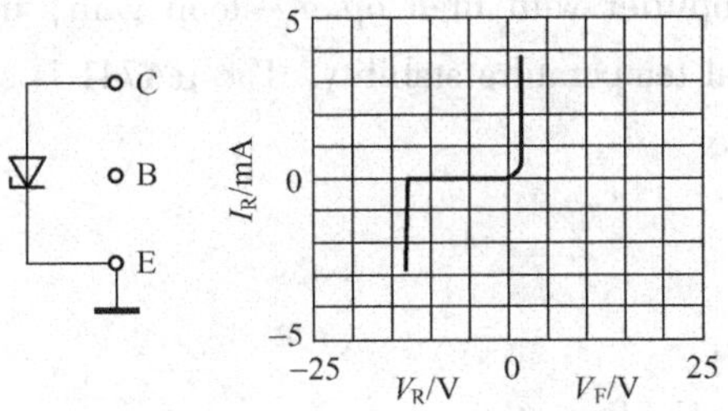

图 C.10　稳压二极管特性曲线

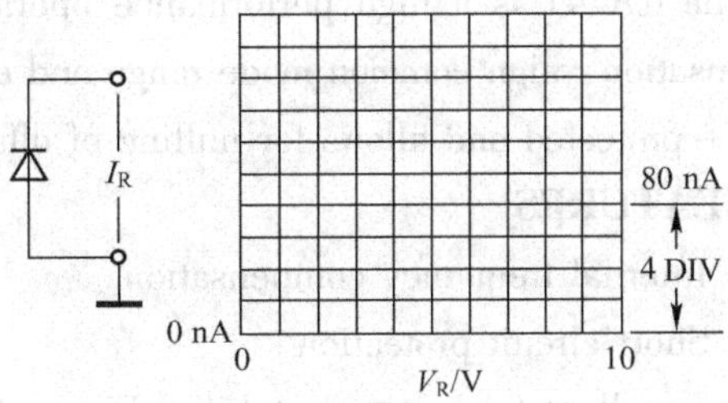

图 C.11　二极管反向电流测试

读数：$I_R=4\ \mathrm{DIV}\times0.2\ \mu\mathrm{A}\times0.1$(倍率)$=80\ \mathrm{nA}$

测量结果表明，被测晶体管性能符合要求。

6. 二簇特性曲线比较测试

以 NPN 型 3DG6 晶体管为例，查手册得知 3DG6 晶体管输出特性的测试条件为 $I_C=10\ \mathrm{mA}$、$V_{CE}=10\ \mathrm{V}$。测试时，仪器部件的置位详见表 C.7。

表 C.7　二簇特性曲线测试时仪器部件的置位

部　　件	置　　位	部　　件	置　　位
峰值电压范围	0～10 V	Y 轴集电极电流	1 mA/度
极性	+	“重复－－关”开关	重复
功耗限制电阻	250 Ω	阶梯信号选择开关	10 μA/级
X 轴集电极电压	1 V/度	阶梯极性	+

将被测的两只晶体管分别插入测试台左、右插座内，然后按表 C.5 置位各功能键，参数调至理想位置。按下测试选择按钮的“二簇”琴键，逐步增大峰值电压，即可在荧光屏上显示二簇特性曲线，如图 C.12 所示。

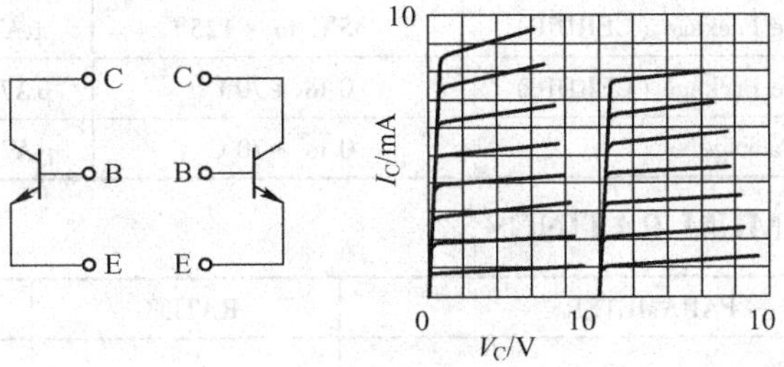

图 C.12　二簇输出特性曲线

当测试配对管要求很高时，可调节“二簇位移旋钮”，使右簇曲线左移，视其曲线重合程度，可判定其输出特性的一致程度。

附录 D　μA741 英文数据手册

General purpose operational amplifier　　μA741/μA741C/SA741C

DESCRIPTIONPIN CONFIGURATION

The μA741 is a high performance operational amplifier with high open - loop gain, internal compensation, high common mode range and exceptional temperature stability. The μA741 is short - circuit - protected and allows for nulling of offset voltage.

FEATURES

- Internal frequency compensation
- Short circuit protection
- Excellent temperature stability Figure D. 1　Pin Configuration
- High input voltage range

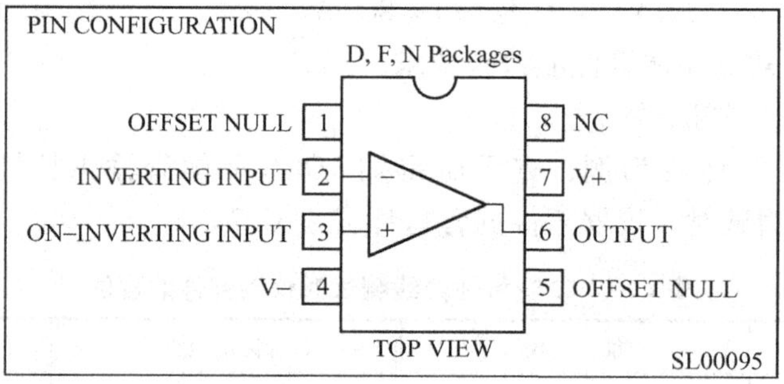

Figure D. 1　Pin Configuration

ORDERING INFORMATION

DESCRIPTION	TEMPERATURE RANGE	ORDER CODE	DWG #
8 - Pin Plastic Dual In - Line Package (DIP)	-55℃ to +125℃	μA741N	SOT97 - 1
8 - Pin Plastic Dual In - Line Package (DIP)	0 to +70℃	μA741CN	SOT97 - 1
8 - Pin Plastic Dual In - Line Package (DIP)	-40℃ to +85℃	SA741CN	SOT97 - 1
8 - Pin Ceramic Dual In - Line Package (CERDIP)	-55℃ to +125℃	μA741F	0580A
8 - Pin Ceramic Dual In - Line Package (CERDIP)	0 to +70℃	μA741CF	0580A
8 - Pin Small Outline (SO) Package	0 to +70℃	μA741CD	SOT96 - 1

ABSOLUTE MAXIMUM RATINGS

SYMBOL	PARAMETER	RATING	UNIT
V_S	Supply voltage μA741C	±18	V
	μA741	±22	V
P_D	Internal power dissipation D package	780	mW

(续)

SYMBOL	PARAMETER	RATING	UNIT
	N package	1170	mW
	F package	800	mW
V_{IN}	Differential input voltage	±30	V
V_{IN}	Input voltage1	±15	V
I_{SC}	Output short – circuit duration	Continuous	
T_A	Operating temperature range μA741C	0 to +0	℃
	SA741C	–40 to +85	℃
	μA741	–55 to +125	℃
TSTG	Storage temperature range	–65 to +150	℃
TSOLD	Lead soldering temperature (10sec max)	300	℃

NOTES:

For supply voltages less than ±15V, the absolute maximum input voltage is equal to the supply voltage.

DC ELECTRICAL CHARACTERISTICS

T_A = 25℃, V_S = ±15 V, unless otherwise specified.

SYMBOL	PARAMETER	TEST CONDITIONS	μA741			μA741C			UNIT
			Min	Typ	Max	Min	Typ	Max	
V_{OS}	Offset voltage	R_S = 10 kΩ		1.0	5.0		2.0	6.0	mV
		R_S = 10 kΩ, over temp.		1.0	6.0			7.5	mV
$\Delta V_{OS}/\Delta T$				10			10		μV/℃
I_{OS}	Offset current			20	200		20	200	nA
		Over temp.						300	nA
		T_A = +125℃		7.0	200				nA
		T_A = –55℃		20	500				nA
$\Delta I_{OS}/\Delta T$				200			200		pA/℃
I_{BIAS}	Input bias current			80	500		80	500	nA
		Over temp.						800	nA
		T_A = +125℃		30	500				nA
		T_A = –55℃		300	1500				nA
$\Delta I_B/\Delta T$				1			1		nA/℃
		R_L = 10 kΩ	±12	±14		±12	±14		V
V_{OUT}	Output voltage swing	R_L = 2 kΩ, over temp.	±10	±13		±10	±13		V
		R_L = 2 kΩ, V_O = ±10 V	50	200		20	200		V/mV
AVOL	Large – signal voltage gain	R_L = 2 kΩ, V_O = ±10 V, over temp.	25			15			V/mV
	Offset voltage adjustment range			±30			±30		mV
		R_S ≤ 10 kΩ					10	150	μV/V
PSRR	Supply voltage rejection ratio	R_S ≤ 10 kΩ, over temp.		10	150				μV/V
						70	90		dB
CMRR	Common – mode rejection ratio	Over temp.	70	90					dB

(续)

SYMBOL	PARAMETER	TEST CONDITIONS	μA741			μA741C			UNIT
			Min	Typ	Max	Min	Typ	Max	
I_{CC}	Supply current			1.4	2.8		1.4	2.8	mA
		$T_A = +125℃$		1.5	2.5				mA
		$T_A = -55℃$		2.0	3.3				mA
V_{IN}	Input voltage range	(μA741, over temp.)	±12	±13		±12	±13		V
R_{IN}	Input resistance		0.3	2.0		0.3	2.0		MΩ
P_D	Power consumption			50	85		50	85	mW
		$T_A = +125℃$		45	75				mW
		$T_A = -55℃$		45	100				mW
R_{OUT}	Output resistance			75			75		Ω
I_{SC}	Output short - circuit current		10	25	60	10	25	60	mA

DC ELECTRICAL CHARACTERISTICS

$T_A = 25℃$, $V_S = \pm 15$ V, unless otherwise specified.

SYMBOL	PARAMETER	TEST CONDITIONS	SA741C			UNIT
			Min	Typ	Max	
V_{OS}	Offset voltage	$R_S = 10$ kΩ		2.0	6.0	mV
		$R_S = 10$ kΩ, over temp.			7.5	mV
$\Delta V_{OS}/\Delta T$				10		μV/℃
I_{OS}	Offset current			20	200	nA
		Over temp.			500	nA
$\Delta I_{OS}/\Delta T$				200		pA/℃
I_{BIAS}	Input bias current			80	500	nA
		Over temp.			1500	nA
$\Delta I_B/\Delta T$				1		nA/℃
V_{OUT}	Output voltage swing	$R_L = 10$ kΩ	±12	±14		V
		$R_L = 2$ kΩ, over temp.	±10	±13		V
AVOL	Large - signal voltage gain	$R_L = 2$ kΩ, $V_O = \pm 10$ V	20	200		V/mV
		$R_L = 2$ kΩ, $V_O = \pm 10$ V, over temp.	15			V/mV
	Offset voltage adjustment range			±30		mV
PSRR	Supply voltage rejection ratio	$R_S \leqslant 10$ kΩ		10	150	μV/V
CMRR	Common mode rejection ration		70	90		dB
V_{IN}	Input voltage range	Over temp.	±12	±13		V
R_{IN}	Input resistance		0.3	2.0		MΩ
P_D	Power consumption			50	85	mW
R_{OUT}	Output resistance			75		Ω
I_{SC}	Output short - circuit current			25		mA

AC ELECTRICAL CHARACTERISTICS

$T_A = 25℃$, $V_S = \pm 15$ V, unless otherwise specified.

SYMBOL	PARAMETER	TEST CONDITIONS	μA741, μA741C			UNIT
			Min	Typ	Max	
R_{IN}	Parallel input resistance	Open - loop, $f = 20$ Hz	0.3			MΩ
C_{IN}	Parallel input capacitance	Open - loop, $f = 20$ Hz		1.4		pF
	Unity gain crossover frequency	Open - loop		1.0		MHz
	Transient response unity gain	$V_{IN} = 20$ mV, $R_L = 2$ kΩ, $C_L \leqslant 100$ pF				
t_R	Rise time			0.3		μs
	Overshoot			5.0		%
SR	Slew rate	$C \leqslant 100$ pF, $R_L \geqslant 2$ kΩ, $V_{IN} = \pm 10$V		0.5		V/μs

EQUIVALENT SCHEMATIC

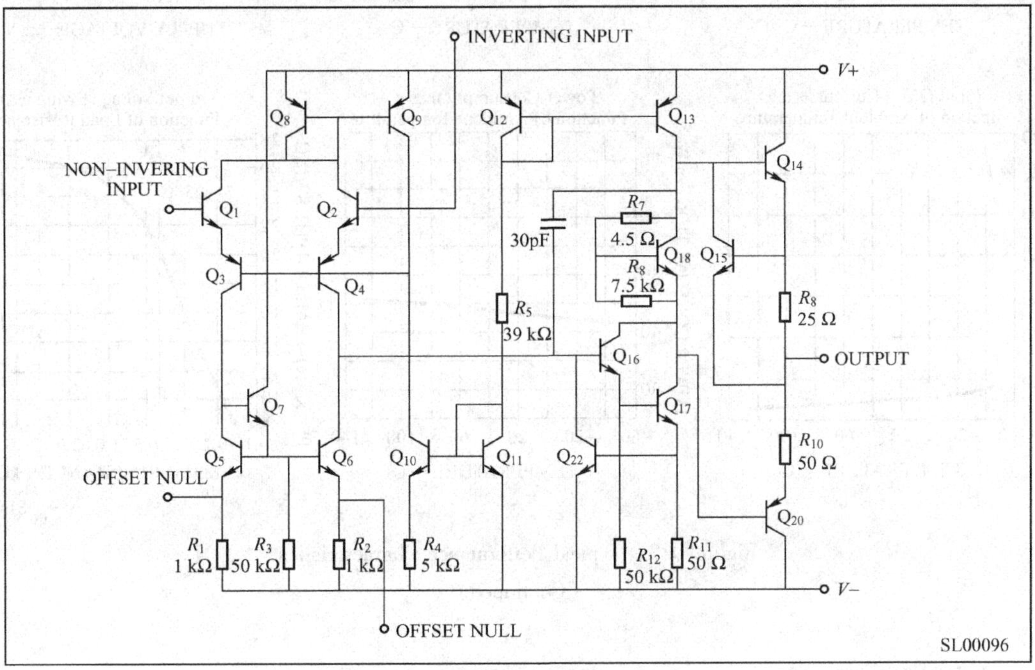

Figure D. 2 Equivalent Schematic

TYPICAL PERFORMANCE CHARACTERISTICS

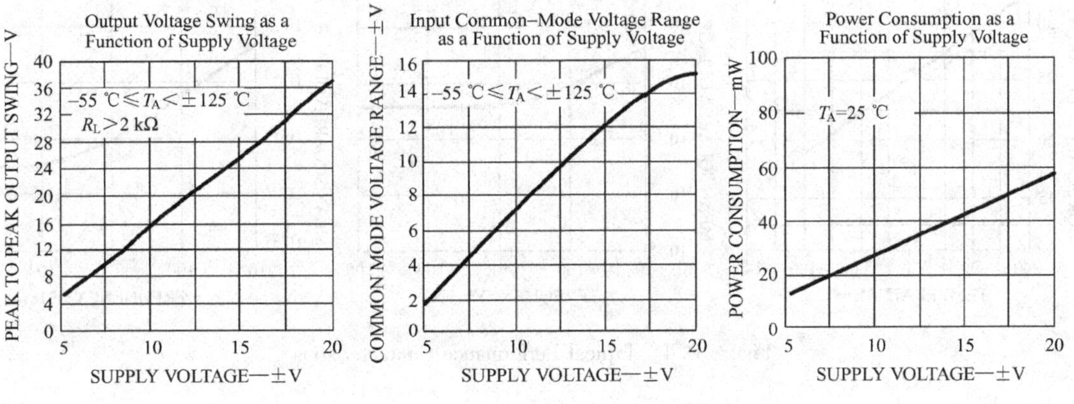

Figure D. 3 Typical Performance Characteristics

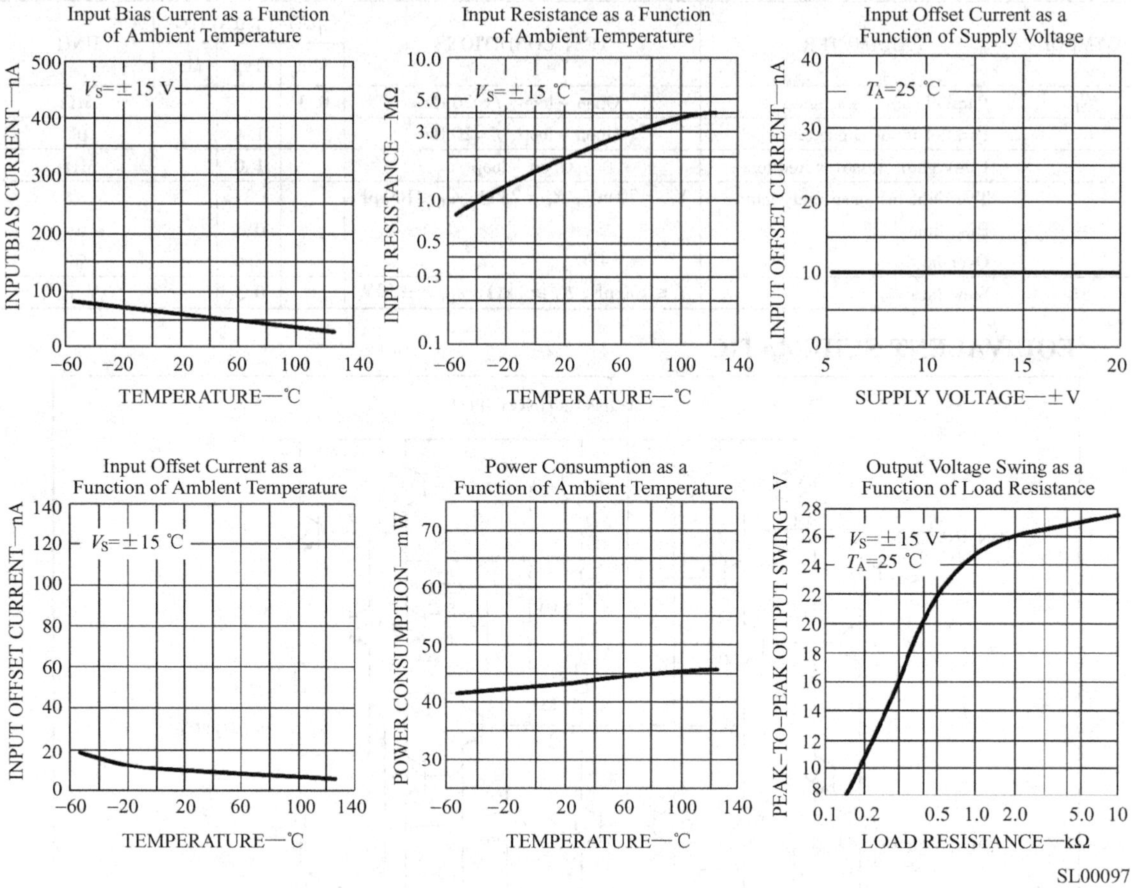

Figure D. 3 Typical Performance Characteristics

(Continued)

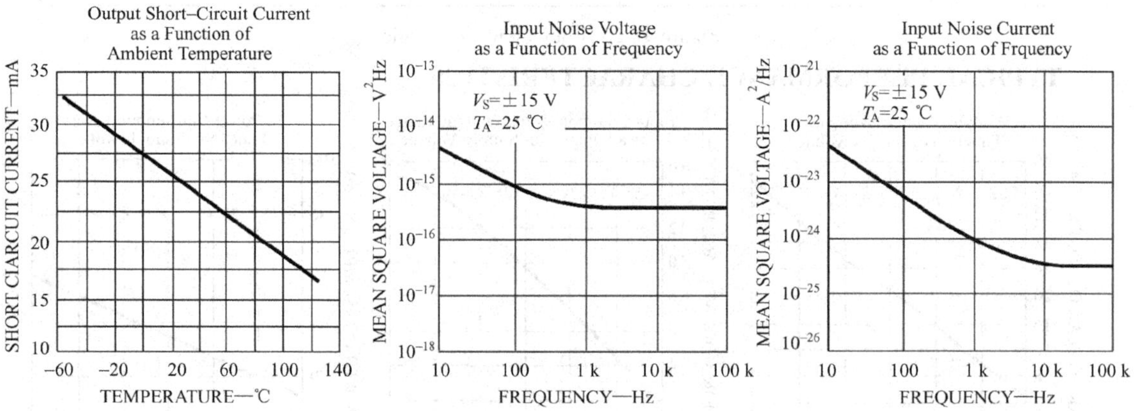

Figure D. 4 Typical Performance Characteristics

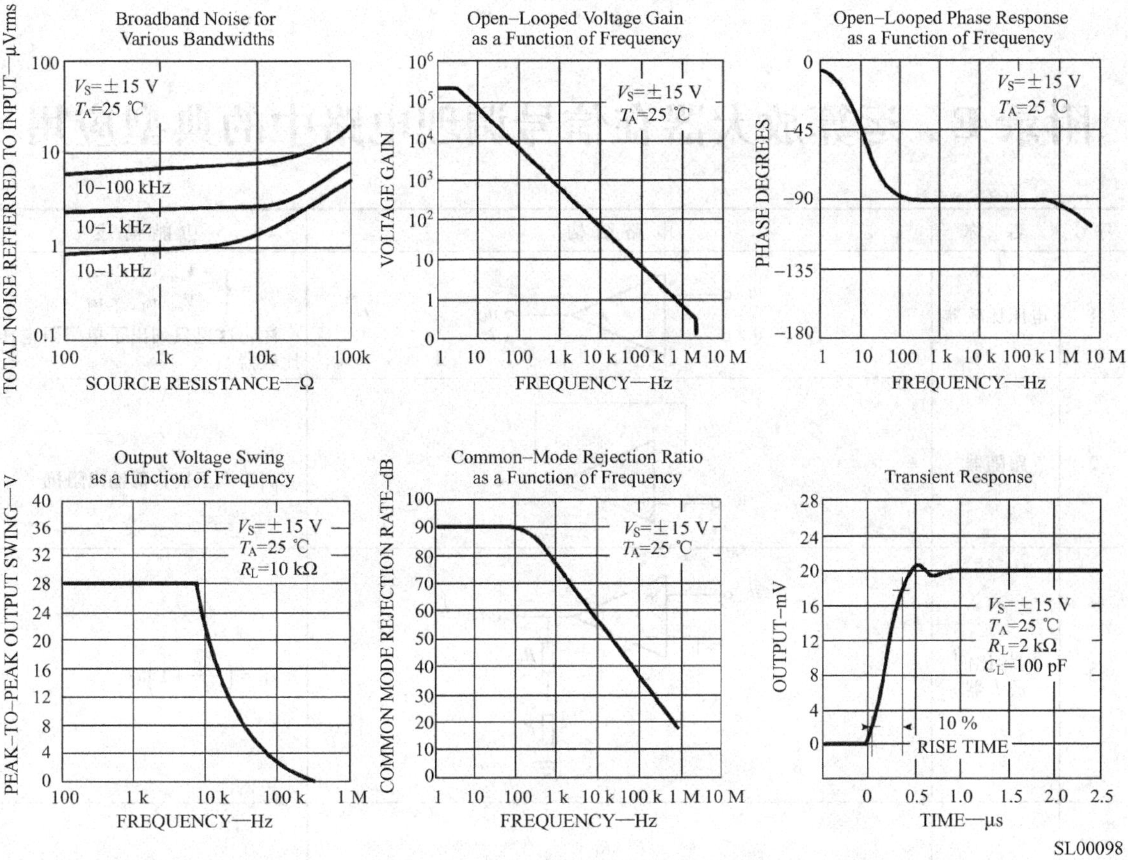

Figure D. 4 Typical Performance Characteristics (Continued)

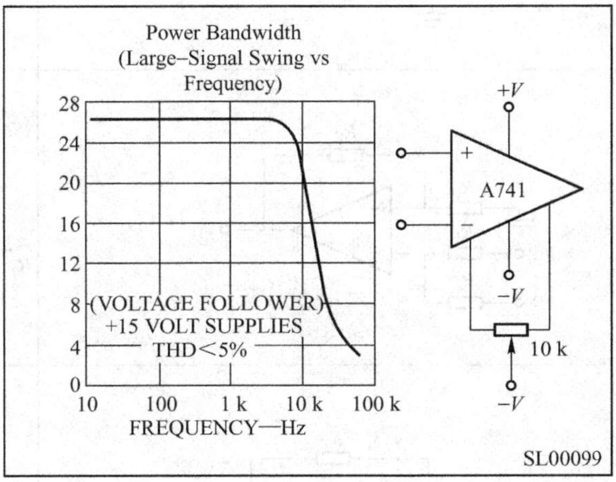

Figure D. 5 Typical Performance Characteristics

附录 E 运算放大器在信号调理电路中的典型应用

序号	名 称	电路结构	功能描述
1	电压比较器	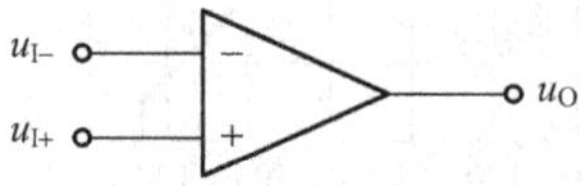	$u_O=\begin{cases}+V_{cc}, u_{I+}>u_{I-}\\-V_{cc}, u_{I+}<u_{I-}\end{cases}$ 注：这里只列出了单门限电压比较器
2	跟随器	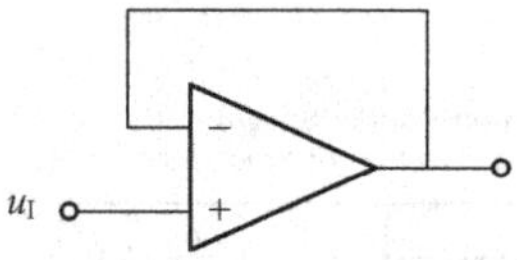	$u_O=u_I$ 高输入阻抗，低输出阻抗
3	同相比例放大器	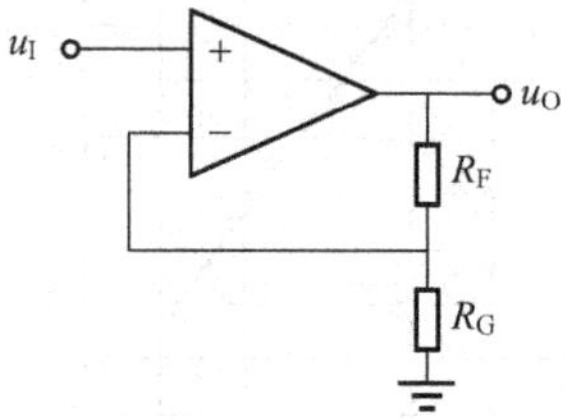	$u_O=\left(\frac{R_F}{R_G}+1\right)u_I$
4	反相比例放大器	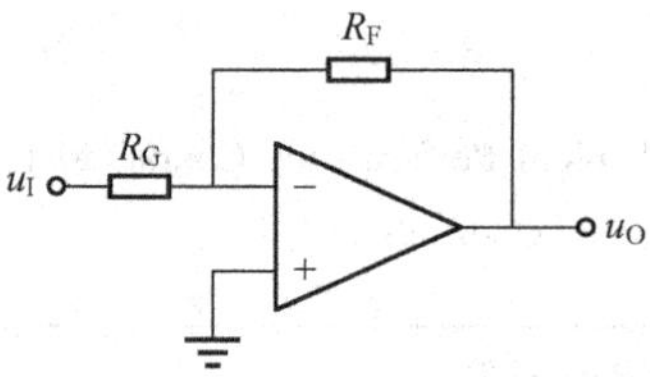	$u_O=\left(-\frac{R_F}{R_G}\right)u_I$
5	同相加法器	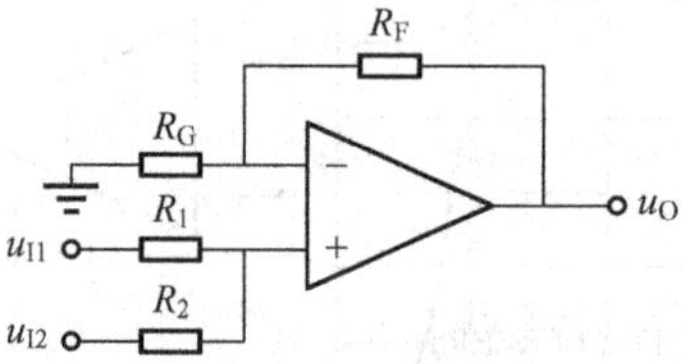	$u_O=\left(1+\frac{R_F}{R_G}\right)\left(\frac{R_2}{R_1+R_2}u_{I1}+\frac{R_1}{R_1+R_2}u_{I2}\right)$
6	反相加法器	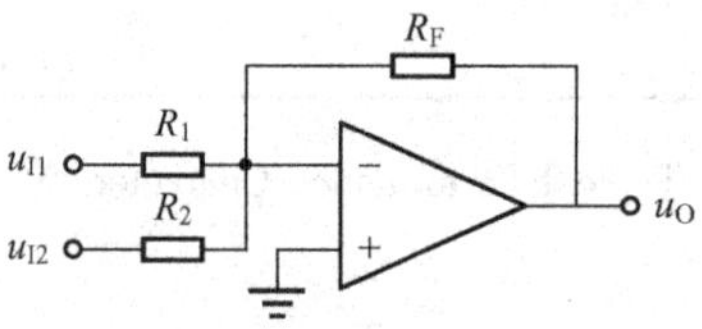	$u_O=-\left(\frac{R_F}{R_1}u_{I1}+\frac{R_F}{R_2}u_{I2}\right)$

(续)

序号	名 称	电路结构	功能描述
7	减法器	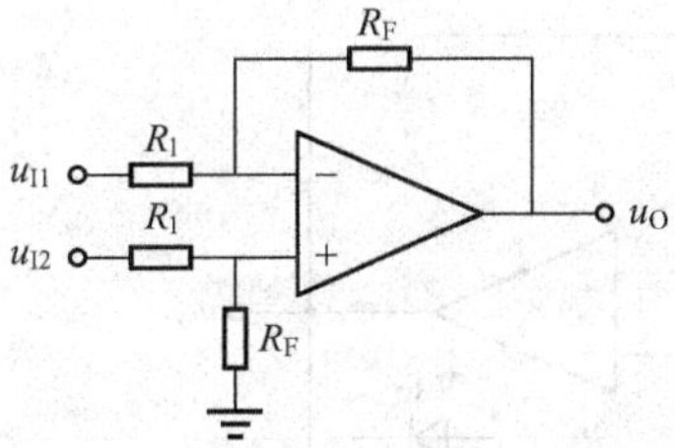	$u_O = \frac{R_F}{R_1}(u_{I2} - u_{I1})$
8	反相积分器	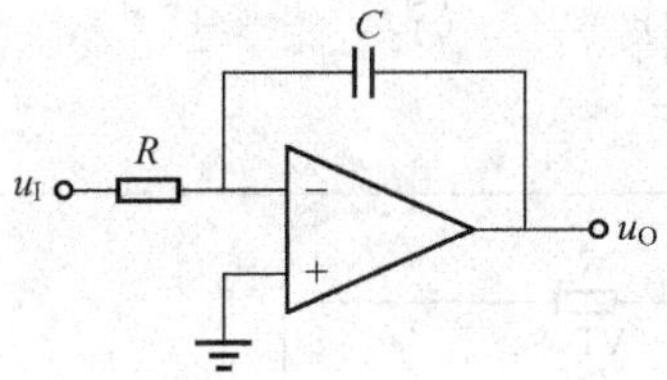	$u_O = -\frac{1}{RC}\int u_I dt$
9	反相微分器	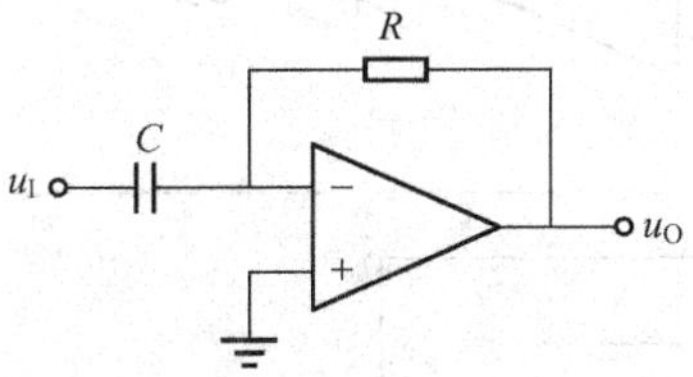	$u_O(t) = -RC\frac{du_I(t)}{dt}$ 微分电路对高频噪声抑制能力较差，实际中常将其微分运算转换成积分运算
10	对数放大器	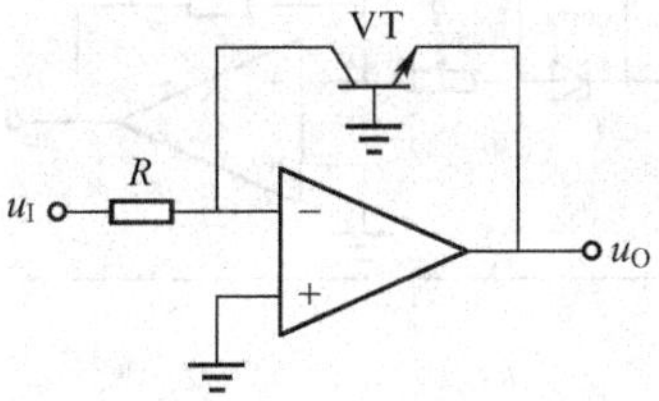	$u_O(t) = -U_T \ln \frac{u_I}{I_S R}$ 该电路对温度变化敏感
11	反对数放大器	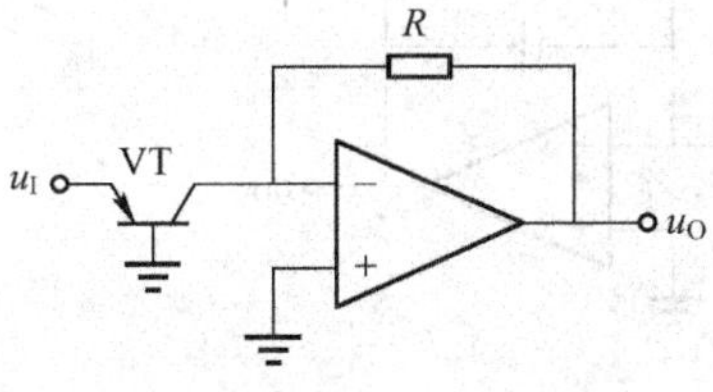	$u_O = -RI_S e^{\frac{u_I}{U_T}}$
12	压流转换器	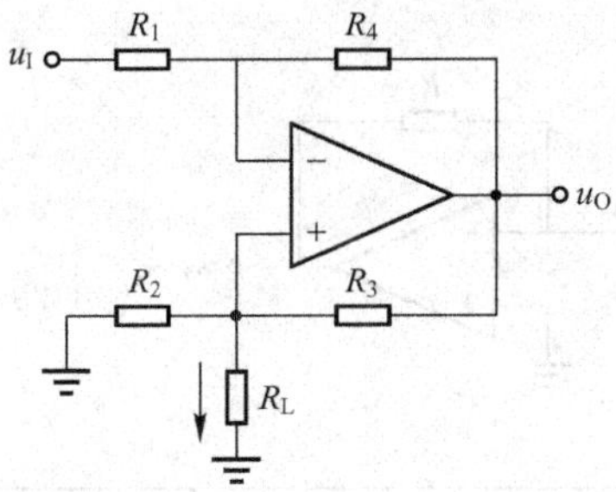	当 $R_1R_3 = R_2R_4$ 时，流过 R_L 的电流：$i_L = -\frac{u_I}{R_2}$

（续）

序号	名 称	电路结构	功能描述
13	文氏桥正弦波振荡器	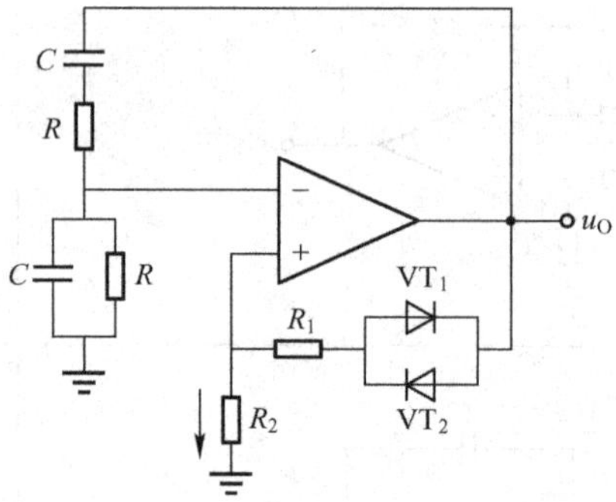	振荡频率：$f_O=\frac{1}{2\pi RC}$ 起振条件：$\lvert A_f\rvert=1+\frac{R_1}{R_2}>3$ VT_1、VT_2 起稳定输出信号振幅的作用
14	半波整流器	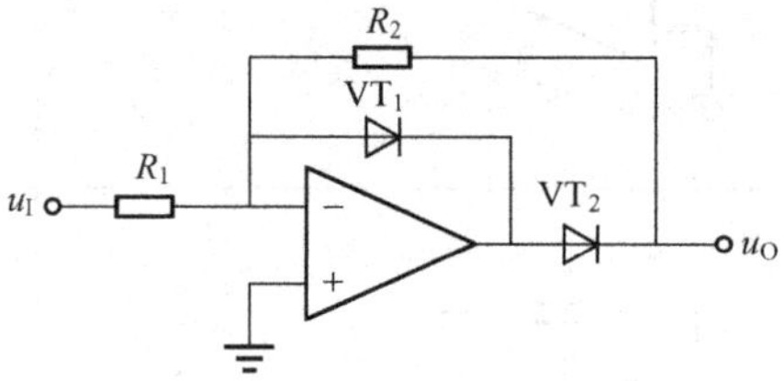	$u_O=\begin{cases}0, u_I>0(VT_1\text{ 导通})\\ -\frac{R_2}{R_1}u_I, u_I<0(VT_2\text{ 导通})\end{cases}$
15	全波整流器	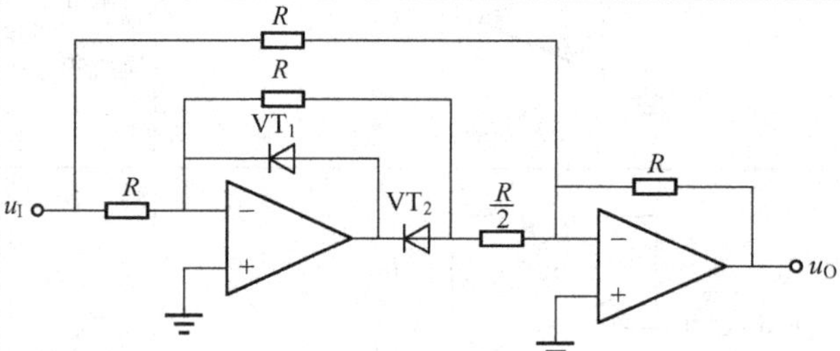	$u_O=\lvert u_I\rvert$ 取绝对值电路
16	一阶低通有源滤波器	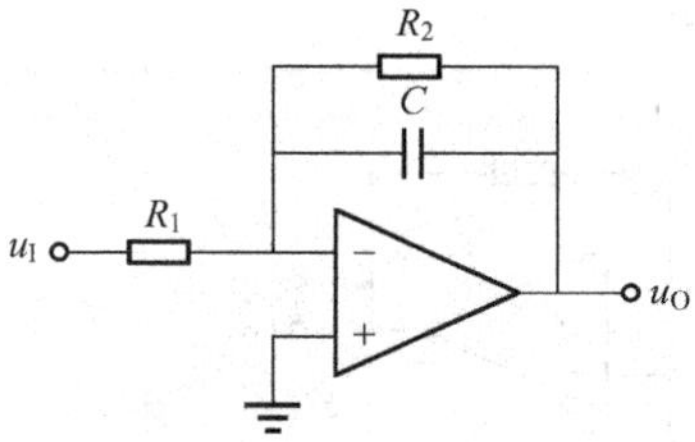	$\lvert A(j\omega)\rvert=\frac{\lvert A_0\rvert}{\sqrt{1+\left(\frac{f}{f_C}\right)^2}}$ $\varphi(j\omega)=-180°-\arctan\left(\frac{f}{f_C}\right)$ 其中，$A_0=-\frac{R_2}{R_1}$，$f_C=\frac{1}{2\pi R_2C}$
17	一阶高通有源滤波器	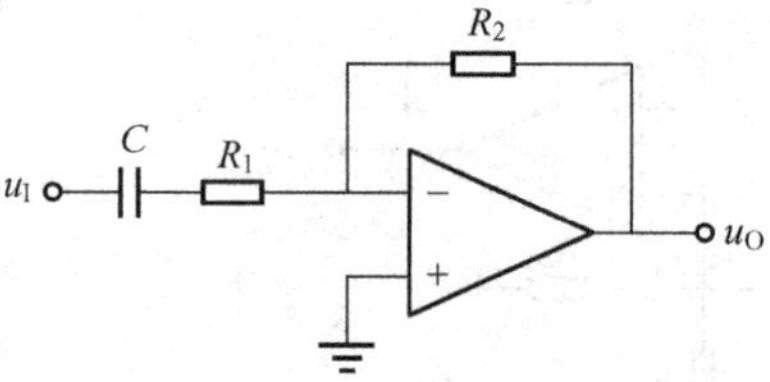	$\lvert A(j\omega)\rvert=\frac{\lvert A_0\rvert}{\sqrt{1+\left(\frac{f_C}{f}\right)^2}}$ $\varphi(j\omega)=-180°+\arctan\left(\frac{f_C}{f}\right)$ 其中，$A_0=-\frac{R_2}{R_1}$，$f_C=\frac{1}{2\pi R_1C}$

参 考 文 献

[1] 杨拴科，等. 模拟电子技术基础 [M]. 2版. 北京：高等教育出版社，2010.
[2] 孙肖子，等. 电子设计指南 [M]. 北京：高等教育出版社，2006.